HARALD LESCH · JÖRN MÜLLER

Kosmologie für helle Köpfe

Buch

Zwei Themen sind in Physik und Astronomie zurzeit Gegenstand intensiver Forschung: Dunkle Materie und Dunkle Energie. Was sich hinter diesen Begriffen verbirgt, ist eines der zentralen Rätsel der Kosmologie. Etwa 90 Prozent aller Materie im Universum sind unbekannt: unsichtbare Dunkle Materie. Mysteriöser noch als die Dunkle Materie ist die Dunkle Energie. Kosmologen sehen in ihr die Ursache für die beschleunigte Expansion des Universums. Von welcher Art die Dunkle Energie ist, weiß jedoch bis heute niemand. Die Autoren des Bestsellers »Kosmologie für Fußgänger« geben Einblick in den aktuellen Stand der Forschung und informieren über die Versuche, die Phänomene zu erklären – anschaulich formuliert und in jedem Fall erhellend.

Autoren

Harald Lesch ist Professor für Theoretische Astrophysik am Institut für Astronomie und Astrophysik der Ludwig-Maximilians-Universität München und Lehrbeauftragter Professor für Naturphilosophie an der Hochschule für Philosophie (SJ) in München. Einer breiteren Öffentlichkeit ist er durch die im Bayerischen Fernsehen laufende Sendereihe »alpha-Centauri« bekannt. Der für seine Medien- und Öffentlichkeitsarbeit mehrfach ausgezeichnete Wissenschaftler erhielt von der Deutschen Forschungsgemeinschaft zuletzt den »Communicator-Preis« 2005 und die Medaille für Naturwissenschaftliche Publizistik der Deutschen Physikalischen Gesellschaft.

Jörn Müller ist Physiker und hat am Deutschen Elektronensynchrotron DESY auf dem Gebiet Festkörperphysik promoviert. In Forschungs- und Entwicklungsabteilungen arbeitete er auf dem Gebiet Optik und Optoelektronik sowie an der Entwicklung von Hochenergielasern. Seit einem zusätzlichen Astronomiestudium ist er wissenschaftlicher Mitarbeiter am Institut für Astronomie und Astrophysik der Ludwig-Maximilians-Universität München und ist als Wissenschaftsjournalist und Buchautor tätig.

Von Harald Lesch und Jörn Müller ist bei Goldmann außerdem erschienen:

Kosmologie für Fußgänger (15154)
Big Bang – zweiter Akt (15343)

Harald Lesch
Jörn Müller

Kosmologie für helle Köpfe

Die dunklen Seiten des Universums

GOLDMANN

Produktgruppe aus vorbildlich bewirtschafteten Wäldern und anderen kontrollierten Herkünften

Zert.-Nr. SGS-COC-1940
www.fsc.org

Verlagsgruppe Random House FSC-DEU-0100
Das FSC-zertifizierte Papier *München Super* für Taschenbücher aus dem Goldmann-Verlag liefert Mochenwangen Papier.

2. Auflage
Originalausgabe Juni 2006

Umschlaggestaltung: Design Team München
Umschlagfoto: Don Dixon
Redaktion: Dieter Löbbert
KF · Herstellung: Str.
Satz: Uhl + Massopust, Aalen
Druck und Bindung: GGP Media GmbH, Pößneck
Printed in Germany
ISBN-10: 3-442-15382-4
ISBN-13: 978-3-442-15382-4

www.goldmann-verlag.de

Inhalt

I.
Vorwort

»Mehr Licht!« – so lauteten angeblich Johann Wolfgang von Goethes letzte Worte auf dem Sterbebett. Was er jedoch damit sagen wollte, hat er mit in die ewige Finsternis genommen. »Licht« und »Dunkelheit«, zwei Begriffe, wie sie kontrastreicher kaum sein können, begegnen uns auf nahezu allen Ebenen unserer Erfahrungswelt. In der Natur sind der helle Tag und die dunkle Nacht vielleicht die auffälligsten Erscheinungen des so ungleichen Paares, jedoch wird dieser Gegensatz ebenso in der Geschichte der Menschheit – oder im Leben einer Person – immer wieder bemüht. So wie das eine für Klarheit, Reinheit, Schönheit, auch Erkenntnis steht, so symbolisiert das andere das Unbekannte, das Geheimnisvolle, Verborgene, ja manchmal auch das Abgründige. Im Lichte der Erkenntnis tritt die Wahrheit klar zutage, während die Mächte der Finsternis versuchen, die Oberhand über das Gute zu gewinnen. In wohl keiner Wissenschaft wird dieses Prinzip so offensichtlich wie in der Astronomie. Licht und Schatten, sowohl was das visuelle Erscheinungsbild des Kosmos als auch unser Wissen über die Vorgänge im Universum anbelangt, liegen hier dicht beieinander. Doch speziell in den letzten zwei Jahrzehnten mehren sich die Anzeichen für eine Verschiebung der Gewichte in Richtung Dunkelheit und Unkenntnis.

Über Jahrtausende hinweg war die Astronomie – und sie ist es größtenteils auch heute noch – eine helle Wissenschaft. Am

Tag dominiert die gleißende Sonne den Himmel, und des Nachts funkeln abertausend Sterne am Firmament. Die Forschung war vornehmlich auf Objekte konzentriert, die aufgrund ihrer Strahlung »auffällig« waren. Fast ist man versucht, das mit dem Witz zu kommentieren, demzufolge ein Mann des Nachts seinen Schlüssel unter einer Straßenlaterne sucht und auf die Frage eines Passanten, wo er ihn denn verloren habe, antwortet: »Eigentlich dort drüben, aber da ist es ja dunkel, und da sehe ich nichts.« Mittlerweile hat sich in dieser Hinsicht einiges geändert. Moderne Teleskope, auf der Erde und im Weltraum stationiert, und Detektoren, die nicht nur im sichtbaren Bereich des elektromagnetischen Spektrums empfindlich sind, sondern je nach Typ auch auf infrarotes, ultraviolettes und sogar Röntgenlicht ansprechen, haben der Astronomie neue Beobachtungsfenster eröffnet. Bislang ungeahnte Tiefen des Kosmos sind der Forschung zugänglich geworden, und die Objekte erscheinen in »neuem Licht«.

Heute weiß man recht gut Bescheid über die Entwicklungsgeschichte des Universums, über das Leben und Sterben der Sterne, über die Natur der Galaxien und über die Entstehung von Planeten. Intensive Beobachtungen und computergestützte Simulationen der Zustände in verlöschenden Sternen großer Masse machen die Abläufe der Explosionsvorgänge bei den spektakulären Supernova-Explosionen mehr und mehr transparent. Auch die vermeintlich völlig leeren Räume zwischen den Sternen und Galaxien sind keine weißen Flecken mehr auf der kosmischen Landkarte. Man hat erkannt, dass sich dort das so genannte interstellare Medium ausbreitet: ein Gemenge aus Elementarteilchen, Atomen, Molekülen und Staub, größtenteils hoch verdünnt, stellenweise auch zu riesigen Wolken verdichtet, den Geburtszentren neuer Sterne. Dank der Röntgensatelliten ROSAT und Chandra kommt nun auch zunehmend Licht in die vielfältigen Erscheinungsformen

Aktiver Galaktischer Kerne, der Quasare (quasi-stellare Objekte), Mikroquasare, Collapsare, Blazare, Mikroblazare und Gamma-Ray-Burster, denn so wie die Dinge augenblicklich stehen, scheint sich hinter allen der gleiche Prozess zu verbergen: nämlich eine Materieansammlung um ein zentrales Schwarzes Loch.

Ausgesprochen tief greifend sind die Umwälzungen auf dem Feld der Kosmologie, jenes Wissenschaftszweigs der Astronomie, welcher sich mit der Entstehung und Entwicklung des Kosmos beschäftigt. Hatte man vor etwa zwei Jahrzehnten noch geunkt, dass es künftig auf diesem Feld wohl kaum mehr Neues zu entdecken gibt, so hat sich die Situation mittlerweile ins Gegenteil verkehrt. Die Erkenntnis, dass der überwiegende Teil der kosmischen Materie dunkel und ihrer Natur nach unbekannt ist, sowie die Frage, welche Kraft hinter der anhand weit entfernter Supernovae beobachteten Expansion steckt, die das Universum immer schneller auseinander zu treiben scheint, bedürfen dringend einer Klärung. Gegenwärtig vermag niemand auszuschließen, dass sich dabei revolutionäre Aspekte auftun, die das Verständnis der Physik in ihren Grundfesten erschüttern können und eine Neuorientierung, insbesondere auf dem Gebiet der Teilchenphysik, erfordern. Kosmologen in aller Welt warten mit Spannung auf die gegen Ende des Jahrzehnts heraufziehende Generation neuer, leistungsfähiger Instrumente, mit denen, so die Hoffnung, ein entscheidender Schritt zur Erklärung der Welt getan werden kann.

Doch was auch immer bei all diesen Untersuchungen herauskommen mag – insgesamt sind sie nur Teilaspekte eines umfassenden Verständnisses des Universums. Wie die Welt wirklich ist, können wir nicht wissen. Was wir sehen und was wir bisher an Erkenntnissen zusammengetragen haben, ergibt letztlich doch nur ein grobes Bild des Kosmos. Der große Philosoph Immanuel Kant, der »Alte aus Königsberg«, hat sich in seiner *Kritik der reinen Vernunft* intensiv mit der Frage »Was können wir wissen?» beschäftigt. Die Antwort, auf einen kurzen Nenner gebracht, lautet: Allein unser Erkenntnisvermögen bestimmt, wie weit wir uns der Wahrheit nähern können. Da den Fähigkeiten unseres Gehirns und somit unserem Verstand zweifellos Grenzen gesetzt sind, »ist Erkenntnis dann nicht mehr möglich wenn ihr Inhalt jenseits allen Erkenntnisvermögens liegt«.* Kant zufolge »erkennen wir nicht das Ding an sich, sondern nur dessen Erscheinung«. In der modernen Kosmologie ist dieser Satz zu leidvoller Erfahrung geronnen: Wir glauben erkannt zu haben, dass die so genannte Dunkle Energie Ursache der beschleunigten Expansion des Universums ist, haben aber nicht die geringste Ahnung, was sich hinter diesem »Stoff«, der rund 70 Prozent des Energieetats unseres Universums ausmacht, verbirgt.

Auch in der Kosmologie sind der durch eine Beobachtung des Universums zu gewinnenden Erkenntnis aufgrund der Naturgesetze gewisse Grenzen gesetzt. Der Blick zurück in die Vergangenheit endet spätestens 380 000 Jahre nach dem Urknall, dem Big Bang. Alles was davor war, näher am »Startpunkt« unseres Universums, bleibt uns verborgen, weil der Kosmos für Strahlung jeglicher Art undurchsichtig war. Photonen wurden an den damals noch freien Elektronen wie das Licht eines Scheinwerfers im Nebel gestreut und dadurch die Konturen der Strahlungsquellen verwischt. Die kosmische Hintergrundstrahlung, ein Relikt aus der Zeit, als sich die ersten Atome bildeten, beinhaltet die letzte Information über die Struktur des frühen Universums. Insbesondere der Infrarotsatellit WMAP (Wilkinson Microwave Anisotropy Probe) hat diese Strahlung, die eine Temperatur von lediglich 2,7 Grad über dem absolu-

* http://de.wikipedia.org/wiki/Immanuel_Kant

ten Nullpunkt besitzt und die von allen Seiten auf die Erde fällt, eingehend vermessen und Daten von bisher unerreichter Präzision zur Geometrie, zum Alter unseres Universums und zu den Werten der kosmischen Parameter beigesteuert.

Doch bei dieser Einschränkung der Beobachtungsmöglichkeiten muss es nicht bleiben. Es gibt bereits viel versprechende Ansätze, Teilchen zu beobachten, die, ähnlich wie die Photonen der Hintergrundstrahlung, Auskunft über die Verhältnisse im sehr frühen Universum geben können. Die Rede ist von den Neutrinos. Bis etwa eine Sekunde nach dem Urknall standen diese Elementarteilchen in enger Wechselwirkung mit der Materie, ehe sie sich von dieser abkoppelten. Gelänge es, die Temperaturverteilung in diesem Neutrinosee zu messen, so erhielte man ein Abbild der Materieverteilung eine Sekunde nach dem Big Bang. Zurzeit ist jedoch nicht absehbar, ob und wann derartige Messungen möglich sind. Vor allem die geringe Bereitschaft der Neutrinos, mit Materie in Wechselwirkung zu treten, und das limitierte Auflösungsvermögen der gegenwärtigen Detektoren gehören zu den ungelösten Problemen.

Wenn es daher um die Zustandsbeschreibung des frühen Universums geht, dann finden wir eine solche gegenwärtig nur in den theoretischen Modellen. Aber die Theorien zur frühgeschichtlichen Entwicklung des Kosmos beruhen nicht auf sinnlicher Anschauung aus dieser Zeit, auf Empirie, sondern sind ein Geistesprodukt, entstanden aus der Logik der überall geltenden bekannten Naturgesetze und der konsequenten Anwendung des in der Natur herrschenden Prinzips von Ursache und Wirkung. Natürlich bietet das keine Gewähr, dass die Modelle die damaligen Verhältnisse richtig wiedergeben. Wir können ja nur das hineinpacken, was wir kraft unseres Verstandes erkannt haben, und das ist – vermutlich – von eher bescheidenem Ausmaß. Um mit Kant zu sprechen: »Der so genannte gesunde Verstand ist angeborene ignorantia [Unwissenheit].« Dass jedoch die derzeit gültigen Theorien ein Universum zur Folge haben, so wie wir es heute beobachten, bestärkt die Kosmologen in der Annahme, mit ihren Erklärungen auf dem richtigen Weg zu sein.

Aber selbst die Theorie versagt ab einer gewissen zeitlichen Nähe zum Ursprung der Dinge. Durch eine Verknüpfung der drei Naturkonstanten Planck'sches Wirkungsquantum, Lichtgeschwindigkeit und Gravitationskonstante definierte der Physiker Max Planck eine kürzeste Zeit und eine kleinste Länge. Wie sich zeigt, verlieren jenseits dieser Werte die bekannten Naturgesetze ihre Gültigkeit. Wir wissen nicht, von welcher Art die Gesetze sein müssen, die die Verhältnisse in den ersten Bruchteilen der ersten Sekunde, genauer im Zeitraum vom Urknall bis 10^{-44} Sekunden danach oder auf Skalen kleiner als 10^{-33} Zentimeter bestimmen. Wir wissen nicht einmal, ob wir das zu wissen überhaupt vermögen. Denn Wissen entsteht nicht zuletzt durch Information, und Information wiederum setzt ein Mindestmaß an struktureller Ordnung voraus. Von Ordnung aber kann im frühen Universum bei einer Temperatur von etwa 10^{32} Grad keine Rede mehr sein! Dort herrscht das absolute Chaos, ein Zustand vollkommener Gestaltlosigkeit. Eine Information über ein »Vorher« kann in diesem Umfeld keinen Bestand haben. Was unmittelbar nach dem Big Bang geschah oder gar, wer den »Startschuss« zur Entstehung des Universums gegeben hat beziehungsweise wodurch die Voraussetzungen für den Urknall geschaffen wurden, wird daher wohl auf ewig ein Geheimnis bleiben.

Kommen wir nochmals auf die kosmologischen Modelle unseres Universums zurück. In ihnen spiegelt sich das aktuelle spezifische Wissen aus Astronomie und Physik. Aber diese Theorien sind keine Dogmen! Die besondere Stärke der Naturwissenschaften zeigt sich ja gerade darin, dass Theorien falsifizierbar sind, dass sie sich also durch empirische Beobachtungen widerlegen lassen. Neue Erkenntnisse erfordern neue, bessere Theorien, die neues Wissen nicht ausblenden, sondern mit einbeziehen. Im Laufe der Jahrhunderte sahen sich Astronomie und Kosmologie immer wieder mit dieser Situation konfrontiert. Man denke nur an den Umschwung vom ptolemäischen zum kopernikanischen Weltbild oder an Edwin Hubble, der 1929 mit seiner Entdeckung der Fluchtgeschwindigkeiten entfernter Galaxien die auch von Einstein vertretene Meinung, das Universum sei statisch, endgültig vom Tisch fegte.

Es hat den Anschein, als seien wir gerade heute wieder in einer solchen Situation. Die Instrumente werden zunehmend präziser, die Augen der Teleskope schärfer, und in allen Wellenlängenbereichen kommen immer empfindlichere Detektoren zum Einsatz. Da darf es nicht verwundern, wenn sich neue Einsichten in die Struktur des Kosmos auftun. Insbesondere zwei Hypothesen sind zurzeit Gegenstand intensiver Forschung. Astronomen und Physiker debattieren sich die Köpfe heiß über die Zusammensetzung der Dunklen Materie beziehungsweise über das Wesen der Dunklen Energie. Noch weiß niemand, was sich dahinter im Detail verbirgt. Verfolgt man jedoch den Verlauf der wissenschaftlichen Diskussion, so deutet vieles darauf hin, dass sich die Kosmologie wieder einmal lieb gewonnener Vorstellungen vom Aufbau des Universums entledigen muss.

Mittlerweile haben die Begriffe »Dunkle Materie« und »Dunkle Energie« die Studierstuben der wissenschaftlichen Institute verlassen und Eingang gefunden in die Artikel einschlägiger populärwissenschaftlicher Journale und damit auch in das Bewusstsein der interessierten Öffentlichkeit. Gelegentlich ist ihnen sogar die eine oder die andere Schlagzeile gewidmet. Kaum jemand, der nicht schon mal davon gehört hat. Vielleicht ist dabei nicht immer klar, wovon die Rede ist und welche Bedeutung Dunkle Materie und Dunkle Energie für die Kosmologie haben. Der Idee, diesbezüglich ein wenig Licht ins Dunkel zu bringen, verdankt dieses Buch seine Entstehung. Doch wo selbst die engagierte Wissenschaft noch um Verständnis ringt, kann das natürlich nur ein schwacher Versuch sein, die Fakten zu ordnen. Vielleicht muss man sich hier mit einem Satz des deutschkanadischen Aphoristikers und Publizisten Willy Meurer trösten, der gesagt hat: »Alles, was ich weiß, ist ziemlich falsch. Aber einiges ist wenigstens ungefähr.«

Abschließend noch ein paar Worte zum vorliegenden Buch. Wie schon in *Kosmologie für Fußgänger*, unserem ersten Band, haben wir uns auch auf den folgenden Seiten wieder bemüht, Fachchinesisch zu vermeiden und die Dinge allgemein verständlich darzustellen. Wo doch einmal ein Fachbegriff auftaucht, wird sogleich eine »Übersetzung« mitgeliefert. Allerdings – und das ist neu – haben wir, getreu dem Titel *Kosmologie für helle Köpfe*, auch ein paar Gleichungen und Formeln eingestreut und deren Bedeutung so gut wie möglich erklärt. Manchmal lässt sich anhand einer Gleichung eben besonders gut erkennen, was ansonsten recht umständlich in Worte zu fassen ist. Man verliert jedoch nicht den roten Faden, wenn man über diese Stellen einfach hinwegliest. Ansonsten: Für weiterführende Literatur lohnt ein Blick in das Literaturverzeichnis, und mit den entsprechenden Stichwörtern im Internet gesucht, tun sich eine Menge Seiten zur Dunklen Materie und Dunklen Energie auf. In diesem Sinne wünschen wir eine kurzweilige Lektüre getreu dem Motto: »Wer etwas im Kopf hat, fühlt sich nie einsam.«

II.
Dunkle Materie

Wollen wir wetten, dass Sie auf einer Party schnell ein paar aufmerksame Zuhörer finden, wenn Sie das Gespräch auf das Universum lenken? Dieser Themenkreis scheint ungewöhnlich faszinierend zu sein, und es verwundert immer wieder, wie er Menschen in seinen Bann zieht. Und sie interessieren sich umso mehr dafür, je komplexer, befremdlicher und verwirrender und je weiter »draußen« im Universum die betrachteten Objekte sind. Mit dem Mond kann man ja kaum noch jemanden hinter dem Ofen hervorlocken, da man ihn kennt oder besser: ihn zu kennen glaubt. Aber wenn es um ein Thema weitab von der täglichen Erlebniswelt geht, beispielsweise um den Urknall, um das Wesen Schwarzer Löcher oder auch um Spekulationen über Dunkle Materie oder gar Aliens, sind die Leute voll bei der Sache. Anscheinend hat gerade das Unglaubliche, das Unvorstellbare einen besonderen Reiz. Dass man dabei nicht immer genaue Vorstellungen von dem hat, worüber man spricht, macht die Sache nur noch reizvoller.

Auch auf die Gefahr hin, den Dingen einiges von ihrer Attraktivität zu rauben, wollen wir im Folgenden versuchen, etwas Licht ins Dunkel zu bringen, und das Ganze nüchterner betrachten. Dass wir uns nicht mit allen interessanten Themen beschäftigen können, liegt auf der Hand, da wir sonst vermutlich erst in Jahren zu einem Ende kommen würden. Stattdessen wollen wir uns lieber auf ein zurzeit besonders aktuelles Thema konzentrieren. Außerdem sind wir dem Titel des Buches verpflichtet, und der bezieht sich nun mal auf die dunkle Seite des Universums. Eine Geschichte über die Dunkle Materie ist somit genau das Richtige. Am Schluss dieses Kapitels wird dieser »Stoff« zwar etwas von seiner geheimnisvollen Aura verloren haben, aber wie wir sehen werden, bleibt auch dann noch eine Menge unbeantworteter Fragen offen.

Vom Gleichgewicht

Beginnen wir zunächst einmal mit einer Diskussion über das Gleichgewicht. Auf den ersten Blick scheint das ziemlich abwegig – doch gemach: wie sich noch zeigen wird, hat es eine ganze Menge mit Dunkler Materie zu tun. Gemeint ist hier nicht das Gleichgewicht, das wir brauchen, um uns auf den Beinen halten zu können, sondern das Gleichgewicht von Kräften. In der Natur gibt es eine Vielzahl verschiedener Kräfte, beispielsweise mechanische, elektrische und magnetische Kräfte, intermolekulare Kräfte, Kernkräfte, Gravitations-, aber auch chemische Kräfte, oder besser: chemische Potenziale und thermische Kräfte. Allen gemeinsam ist: Wo Kräfte wirken, tut sich was! Da werden Körper beschleunigt, abgebremst, verformt oder zerlegt, chemische Verbindungen geknüpft oder gelöst sowie Strukturen auf- beziehungsweise umgebaut. Wo Kräfte wirken, verändert sich die Welt. Dennoch gibt es eine Unmenge von Systemen, die keinerlei Veränderungen erfahren, die über lange Zeit, teilweise sogar über außerordentlich große Zeitspannen stabil sind. Entweder wirken dort keine Kräfte, oder es gibt mehrere Kräfte, die in entgegengesetzte Richtungen wirken und einander aufheben. Dann spricht man von einem Gleichgewicht der Kräfte. Systeme im Kräftegleichgewicht sind tot, dort tut sich nichts. Erst wenn das Gleichgewicht gestört wird, erwachen sie zu neuem Leben.

Betrachten wir dazu einige Beispiele. Stichwort: Balkenwaage. Liegen in jeder ihrer beiden Schalen gleich schwere Gewichte, so neigt sich die Waage weder zur einen noch zur anderen Seite, obwohl an beiden Schalen die Erdanziehungskraft zerrt und sie herunterziehen will. Da aber auf gleiche Massen gleich große Anziehungskräfte wirken, passiert nichts: Es herrscht ein Gleichgewicht der Kräfte. Bei zwei unterschiedlich warmen Metallstücken ist das anders. Bringt man sie miteinander in Kontakt, so sind sie zunächst nicht im thermischen Gleichgewicht. Doch dann kommt es zu einem Energieaustausch, bei dem der wärmere Körper Wärmeenergie an den kalten abgibt. Das geht so lange, bis beide Körper auf gleicher Temperatur sind. Ab da tut sich nichts mehr, keines der beiden Metallstücke wird zu Lasten des anderen wärmer oder kälter. Wieder hat sich ein Gleichgewicht eingestellt, diesmal ein thermisches Gleichgewicht.

Etwas näher an unser Thema Dunkle Materie bringt uns das Beispiel eines Astronauten in seinem Spaceshuttle. Im mit seinem Raumschiff mitbewegten Bezugssystem wirkt auf ihn die Erdanziehungskraft, und zusätzlich verspürt er eine gleich große, der Erdanziehung entgegengerichtete Scheinkraft, die man auch als Zentrifugalkraft bezeichnet. Da sich diese beiden Kräfte gegenseitig aufheben, ist der Astronaut in Bezug auf sein Raumschiff keinen äußeren Kräften ausgesetzt, sodass er sich nicht bewegt und schwerelos im Raumschiff schwebt. Wechselt man jedoch in ein übergeordnetes Bezugssystem, das heißt, man betrachtet das Raumschiff von einem Bezugssystem, das sich mit der Erde durch den Raum bewegt, so ändert sich die Sache entscheidend: Jetzt sieht man den Astronauten auf einer Kreisbahn um die Erde rasen. Wäre der Astronaut auch im erdgebundenen Bezugssystem frei von Kräften, so würde er schnurstracks tangential zu seiner Bahn mit gleicher Geschwindigkeit der Erde davonfliegen. Da er aber seine

Kreise zieht, muss auf ihn eine Kraft wirken, die ihn in jedem Punkt seiner Bahn auf den Mittelpunkt der Erde hin beschleunigt. Es ist nicht schwer zu erraten, dass es sich bei dieser Kraft um die Erdanziehungskraft handelt – oder besser gesagt: um die Gravitationskraft –, mit der sich Erde und Astronaut gegenseitig anziehen. Die Größe dieser Kraft hängt von der Masse der Erde und der des Astronauten ab sowie vom Abstand der beiden Körper. Der geniale Physiker Isaac Newton war der Erste, der dieses Gesetz entdeckt und formuliert hat. In Worten ausgedrückt lautet es: Die Kraft K, mit der sich zwei Körper gegenseitig anziehen, ist proportional zum Produkt ihrer Massen M und m und nimmt mit dem Quadrat ihres Abstandes r ab. Schreibt man dieses Kraftgesetz in Form einer Gleichung hin, so gilt:

$$K = \frac{GMm}{r^2}$$

wobei die Größe G, die so genannte Gravitationskonstante, eine Naturkonstante ist.

Nun, wenn auf den Astronauten nur eine Kraft wirkt, die ihn in Richtung Erde beschleunigt und dabei durch keine andere Kraft kompensiert wird, mag man sich vielleicht wundern, warum der Astronaut nicht auf die Erde stürzt, sondern anscheinend unbeirrt seinen Planeten umkreist. Man ahnt schon, dass es auch hier auf ein Gleichgewicht hinausläuft – womit wir übrigens wieder beim Thema wären. Diesmal ist es kein Gleichgewicht zwischen zwei Kräften, sondern ein Gleichgewicht zwischen drei Größen: nämlich der Geschwindigkeit v des Astronauten auf seiner Bahn, der Masse M der Erde und der Entfernung Erde–Astronaut. In Worten ausgedrückt lautet dieses Gleichgewicht: Die Geschwindigkeit v des Astronauten im Quadrat muss gleich sein dem Verhältnis Masse der Erde zur Entfernung der beiden Körper, multipliziert mit der Gravi-

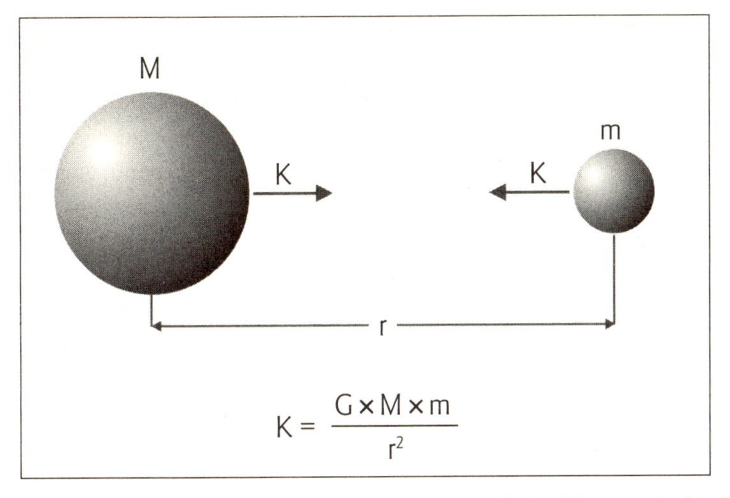

Abb. 1 Massen ziehen sich gegenseitig an. Welche Gesetzmäßigkeit dahinter steckt, formulierte der englische Astronom und Mathematiker Isaac Newton schon 1687 in seiner Schrift *Philosophiae naturalis principia mathematica.* Demnach ist die Kraft K zwischen zwei Körpern proportional zu dem Produkt ihrer Massen und umgekehrt proportional zum Quadrat ihres Abstandes. Mithilfe dieses Gravitationsgesetzes lassen sich unter anderem die Bewegungen von Planeten um ihren Stern berechnen. In der Astronomie gehört dieses Gesetz zum unverzichtbaren Bestand des mathematischen Rüstzeugs.

tationskonstante. Eleganter sieht das Ganze aus, wenn man es wieder zu einer Gleichung formuliert. Damit lautet die Bedingung:

$$v^2 = \frac{GM}{r}$$

Wer sich schon einmal mit dem Newton'schen Gravitationsgesetz beschäftigt hat, weiß, dass sich diese Formel leicht daraus herleiten lässt. Ist diese Beziehung erfüllt, so stehen die Richtung, in die sich der Astronaut gerade bewegt, und die Richtung, in welche die Gravitationskraft wirkt, in jedem Bahnpunkt aufeinander senkrecht. Mit einer Geschwindigkeit, die geringer ist als jene, welche die rechte Seite der Gleichung vorschreibt, könnte sich der Astronaut nicht auf seiner Bahn halten, er würde vielmehr in einer spiralförmigen Bahn zur Erde hinabtrudeln. Wäre v größer, so würde er von der Erde wegdriften.

Obwohl also für den Astronauten real kein Kräftegleichgewicht besteht, kann man doch sagen, dass entsprechend der obigen Beziehung ein Gleichgewicht herrschen muss, um eine stabile Kreisbahn zu ermöglichen. Interessanterweise hängt die Geschwindigkeit des Astronauten nicht von seiner Masse ab. Das Gleichgewicht gilt unabhängig davon, ob ein relativ leichter Astronaut oder beispielsweise ein zig Tonnen schwerer Gesteinsbrocken die Erde umrundet. Dass unser Sonnensystem, unsere Milchstraße und die Galaxien überhaupt existieren und nicht auseinander brechen, ist nur dieser Gleichgewichtsbedingung zu verdanken, der alle den jeweiligen Massenschwerpunkt umkreisenden Körper unterliegen.

An dieser Stelle wollen wir kurz darauf hinweisen, dass die Aussage, der zufolge zwischen zwei massebehafteten Körpern eine Kraft, die so genannte Gravitationskraft, wirkt, mit der sich die beiden gegenseitig anziehen, die Newton'sche Sicht der Dinge ist. Nach Einsteins Allgemeiner Relativitätstheorie ist die Gravitation keine Kraft, sondern eine Eigenschaft der vierdimensionalen, durch die Anwesenheit von Massen gekrümmten Raumzeit. Denn Einsteins Theorien besagen, dass Masse den Raum krümmt. Ähnlich wie eine schwere Eisenkugel auf einem gespannten Gummituch eine Delle erzeugt, verursacht eine Masse in der Raumzeit eine so genannte Potenzialmulde.

Eine in der Nähe der Potenzialmulde platzierte kleine Probemasse würde auf kürzestem Weg diesen Potenzialtrichter hinab auf die zentrale Masse zugleiten. Eine derartige Bahn bezeichnet man auch als Geodäte. Geodäten sind die kürzesten Verbindungen zwischen zwei Punkten auf gekrümmten Flä-

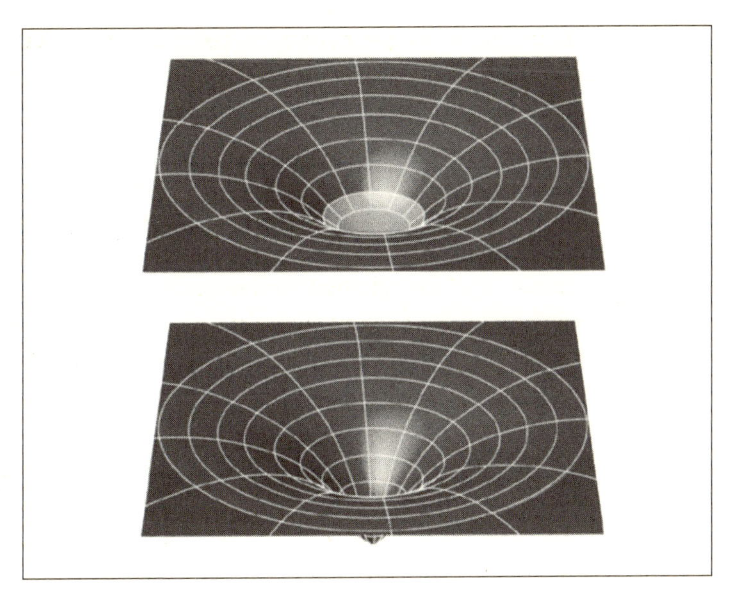

Abb. 2 Nach Einsteins Allgemeiner Relativitätstheorie krümmt Masse die Raumzeit. Da ein gekrümmter vierdimensionaler Raum unser Vorstellungsvermögen übersteigt, ist oben die Krümmung vereinfacht durch ein Gummituch veranschaulicht, das von einer darauf liegenden massiven Kugel (nicht dargestellt) eingedellt wird. Je schwerer die Kugel beziehungsweise je massereicher das Objekt, desto stärker wird das ursprünglich ebene Tuch, das heißt die Raumzeit, verformt.

chen beziehungsweise in gekrümmten Räumen. Auf der Erdkugel ist beispielsweise der Kreis, der senkrecht zum Äquator durch einen gegebenen Punkt und die beiden Pole verläuft, eine Geodäte. Obwohl gekrümmt, stellt sie die kürzeste Verbindung zwischen dem betreffenden Punkt und beispielsweise einem der Pole dar.

Soll die Probemasse nicht in den durch die große Masse in der Raumzeit verursachten Potenzialtrichter hineingleiten, sondern sie in gleich bleibendem Abstand umkreisen, so muss sie sich mit einer gewissen Geschwindigkeit senkrecht zur jeweiligen Geodäte bewegen. Die Geschwindigkeit hängt davon ab, auf welcher Höhe der Potenzialmulde die Probemasse die zentrale Masse umläuft. Je tiefer im Potenzialtrichter, das heißt je näher an der zentralen Masse sie sich befindet, desto höher muss die Geschwindigkeit sein. Bestes Beispiel ist unsere Sonne mit ihren Planeten. Merkur, der sonnennächste Trabant, umläuft unseren Zentralstern mit einer Geschwindigkeit von 47,9 Kilometern pro Sekunde, wogegen unsere Erde, die rund zweieinhalbmal so weit entfernt ist, eine Bahngeschwindigkeit von nur 29,9 Kilometern pro Sekunde hat.

Welcher Betrachtungsweise, derjenigen von Newton oder der von Einstein, man den Vorzug gibt, ist im Prinzip egal. Im Endeffekt führen beide zum selben Ergebnis. Da vermutlich die Vorstellung einer gegenseitigen Anziehung jedoch etwas anschaulicher ist als Potenzialmulden, soll im Folgenden nur noch von Gravitationskräften die Rede sein.

Kommen wir wieder zurück zum »Gleichgewicht« zwischen v, M und r. Auslöser unserer Betrachtung über das Gleichgewicht war ja die eingangs geäußerte Behauptung, es habe etwas mit Dunkler Materie zu tun. Jetzt zeigt sich, wie das gemeint war. Will man nämlich etwas über Menge und Art der Materie im Kosmos erfahren, so ist diese Gleichgewichtsbeziehung ein äußerst hilfreiches Werkzeug. Denn wenn ein Gleichgewicht besteht, dann muss – jetzt mal andersherum ausgedrückt – die Masse M gerade so groß sein, dass die von ihr ausgeübte Gravitationskraft einen Körper, der mit der Geschwindigkeit v dahinrast, halten kann. Kennt man daher in einem System, in dem Massen gravitativ aneinander gebunden sind und sich gegenseitig umkreisen, die Geschwindigkeit v eines Objekts und seinen Abstand r zum Massenschwerpunkt, so kann man auf die Menge der vorhandenen Materie als Ursache der entsprechenden Gravitationskraft schließen. Diese Methode wird seit etwa 50 Jahren erfolgreich angewendet, um Menge und Art der Massen in unserem Kosmos zu bestimmen. Wie sich das alles entwickelt hat und welche Schlüsse die Wissenschaftler ziehen, das ist eine spannende und interessante Geschichte. – Fangen wir mal mit Herrn Zwicky an.

Verborgene Materie

Leute, die Fritz Zwicky kannten, charakterisierten ihn als einen merkwürdigen Zeitgenossen. Mitarbeiter soll er gelegentlich als Bastarde bezeichnet haben, und wenn ihm auf dem Gelände des California Institute of Technology in Pasadena ein unbekannter Student begegnete, konnte es passieren, dass er ihn anhielt und polterte: »Wer zum Teufel sind Sie denn?« Manchmal hatte er auch ziemlich verrückte Ideen, die ihn bei seinen Kollegen zunehmend suspekt machten. Bei-

Abb. 3 Der Astronom Fritz Zwicky war der Erste, der 1933 auf das Vorhandensein Dunkler Materie in großen Massenkonzentrationen, wie Galaxien- und Superhaufen, hinwies.

spielsweise schlug er vor, eine Rakete zu entwickeln, die sich durch die Erde bohren sollte, oder er bat einen Studenten, parallel zur Sichtlinie eines Teleskops eine Gewehrkugel abzufeuern, weil er hoffte, dadurch die das Bild verzerrenden Luftturbulenzen glätten zu können. Trotz dieser Verschrobenheiten war Zwicky einer der bedeutendsten Astronomen des 20. Jahrhunderts. 1934 sagte er das Vorhandensein von Neutronensternen voraus und 1937 einen Gravitationslinseneffekt durch extragalaktische Objekte. Außerdem beschäftigte er sich intensiv mit Galaxien und Galaxienhaufen, wobei er so nebenher über 100 Supernovae entdeckte und sie als Quellen intensiver kosmischer Strahlung identifizierte. Zudem war er einer der Ersten, die auf die Existenz »Dunkler Materie« hinwiesen.

Vermutlich werden jetzt einige Leserinnen und Leser langsam ungeduldig, weil hier fortwährend von Dunkler Materie die Rede ist, wir aber immer noch nicht gesagt haben, was man darunter versteht. Also klären wir das, bevor wir uns Zwickys Arbeiten zuwenden. Alles, was wir über das Universum wissen, haben wir über das Licht – oder besser gesagt: über die Strahlung – in Erfahrung gebracht, das die Objekte aussenden. Von Sternen empfangen wir hauptsächlich sichtbares, ultraviolettes und infrarotes Licht, von sehr heißen Gaswolken, Supernova-Überresten und Schwarzen Löchern Röntgen- und Gammastrahlung und von Radiogalaxien eben Radiostrahlung. Aus dieser Strahlung lässt sich eine Menge Information gewinnen – beispielsweise über Temperatur und Masse eines Sterns, über seine Atmosphäre, sein Alter, auch über seinen inneren Aufbau. Mithilfe der von den Objekten ausgehenden Strahlung kann man sogar die Entfernung und die Geschwindigkeit, mit der sich diese Objekte auf uns zu- oder von uns wegbewegen, ermitteln. Das Licht ist sozusagen die kosmische Zeitung, die uns über Art und Zustand der Objekte informiert. Im Gegensatz zu diesen Objekten, die wir direkt sehen können, sei es mit unseren Augen oder mithilfe für bestimmte Wellenlängen empfindlicher Detektoren, ist Materie, die keine wie auch immer geartete Strahlung emittiert, nicht zu sehen. Derartige Materie bezeichnet man als Dunkle Materie. Da also keinerlei Strahlung auf das Vorhandensein dieser Materie hinweist, müssen es andere Indizien sein, die auf Dunkle Materie schließen lassen. Welche, werden wir noch sehen.

Und nun zurück zu Herrn Zwicky. Was hat er gemacht? Wie kam er darauf, dass es im Universum neben der sichtbaren auch Dunkle Materie geben muss? Zwicky interessierte sich besonders für Galaxienhaufen und Superhaufen, das heißt für relativ eng beieinander stehende, über die Gravitationskraft gebundene Ansammlungen einer Vielzahl von Einzelgalaxien. Ein derartiger Haufen ist der so genannte Coma-Haufen. Er umfasst mehr als 1000 Galaxien, ist ungefähr 350 Millionen Lichtjahre von uns entfernt und hat einen Radius von mehreren Millionen Lichtjahren. In diesem Haufen, der sich als Ganzes relativ zu uns bewegt, bewegen sich wiederum die einzelnen Galaxien mit mehr oder weniger großen Geschwindigkeiten relativ zum Zentrum des gesamten Haufens.

Im Jahr 1933 gelang es nun Zwicky, die mittlere Geschwindigkeit der zum Coma-Haufen gehörenden Galaxien zu bestim-

Abb. 4 Der Coma-Galaxienhaufen ist einer der dichtesten und massereichsten Haufen, die man kennt. Wie unsere Milchstraße enthält jede einzelne dieser mehr als 1000 Galaxien wieder Milliarden Sterne. Licht von diesem Objekt benötigt einige hundert Millionen Jahre, um zu uns zu kommen. Auch die Ausdehnung des Coma-Haufens ist enorm: Um von einem Ende zum anderen zu gelangen, braucht das Licht mehrere Millionen Jahre.

men. Damit hatte er ein Maß für die mittlere kinetische Energie. Nimmt man an, dass die ermittelte Geschwindigkeit kleiner ist als die Fluchtgeschwindigkeit – also die Geschwindigkeit, die mindestens erreicht sein muss, damit eine Galaxie die Anziehungskraft des ganzen Haufens überwinden kann –, und nimmt man ferner an, dass kein nennenswerter Energieaustausch des Haufens mit seiner Umgebung stattfindet, so darf man die potenzielle Energie $E_{pot} = (GM^2)/r$ des Haufens gleichsetzen mit dem Doppelten seiner kinetischen Energie $2E_{kin} = Mv^2$. Fassen wir das zu einer Gleichung zusammen, so erhalten wir den Ausdruck $(GM^2)/r = Mv^2$, wobei mit M die Masse des Haufens gemeint ist. In der Mechanik ist diese Gleichung auch als Virialsatz oder als Virialtheorem bekannt. Wie man sieht, kann man in dieser Gleichung auf beiden Seiten ein M wegstreichen, denn M^2 ist ja nichts anderes als $M \times M$. Übrig bleibt dann ein Ausdruck, wie wir ihn bereits als notwendiges »Gleichgewicht« zwischen v, M und r gefunden haben, damit ein Körper eine andere Masse auf einer stabilen Bahn umläuft. Um also die Masse M des Coma-Haufens abschätzen zu können, musste Zwicky in diese Gleichung für v nur noch den von ihm bestimmten Mittelwert der Relativgeschwindigkeiten und für r den Radius von zwei Millionen Lichtjahren einsetzen. Damit erhielt Zwicky für die Gesamtmasse des Haufens einen Wert von mindestens 9×10^{43} Kilogramm. Mindestens deswegen, weil Zwicky die mittlere kinetische Energie der Galaxien im Coma-Haufen sehr zurückhaltend eingeschätzt hatte, was sich durch einen entsprechenden, zusätzlichen Faktor in der Virialsatzgleichung ausdrückte. Berücksichtigt man, dass die Sonne eine Masse von knapp 2×10^{30} Kilogramm hat, so entspricht das Ergebnis rund $4{,}5 \times 10^{13}$ Sonnenmassen. Die mittlere Masse einer Galaxie beträgt demnach $4{,}5 \times 10^{13}$ geteilt durch 1000, also $4{,}5 \times 10^{10}$ Sonnenmassen, da sich ja die Gesamtmasse des Coma-Haufens aus insgesamt rund 1000 einzelnen Galaxien zusammensetzt.

So weit, so gut. Das war der eine Weg, mit dem Zwicky die Masse des Galaxienhaufens berechnet hatte. Aber es gibt noch eine zweite Möglichkeit: nämlich eine Massenbestimmung anhand der Leuchtkraft des Galaxienhaufens. Ein Maß für die Leuchtkraft eines Objekts ist die Helligkeit, mit der uns dieses Objekt erscheint. Objekthelligkeiten messen die Astronomen in Magnituden. Problematisch ist, dass die Helligkeit von der Entfernung des Objekts abhängt. Je näher das Objekt, desto heller erscheint es uns. Um leuchtende Objekte anhand ihrer Helligkeit vergleichen zu können, müssten sie daher alle gleich weit entfernt sein. Man löst dieses Problem, indem man eine absolute Helligkeit einführt. Per definitionem versteht man darunter die Helligkeit, die man messen würde, wenn sich das Objekt in einer Entfernung von exakt 10 Parsec befände (1 Parsec entspricht einer Entfernung von 3,26 Lichtjahren oder $3{,}1 \times 10^{13}$ Kilometern). Ist die Entfernung kleiner oder größer, so misst man anstelle der absoluten nur eine scheinbare Helligkeit. Mittels einer einfachen Formel (siehe Anhang A1) lässt sich jedoch die scheinbare in die absolute Helligkeit umrechnen, vorausgesetzt, die Entfernung zum Objekt ist bekannt.

Um die Masse einer Galaxie anhand ihrer Leuchtkraft zu bestimmen, geht man wie folgt vor: Zunächst misst man die scheinbare Helligkeit der Galaxie und rechnet sie mit der erwähnten einfachen Formel in eine absolute Helligkeit um. Mit diesem Ergebnis kann man nun ausrechnen, wie viele Sterne von der Art unserer Sonne die Galaxie enthalten müsste, damit deren Leuchtkraft der berechneten absoluten Helligkeit entspricht. (Wer wissen möchte, wie das geht, findet die entsprechende Gleichung im Anhang A1.) Macht man das mit einer Vielzahl unterschiedlicher Galaxien und mittelt dann über die jeweils errechnete Zahl der Sonnen, so erhält man schließlich einen Mittelwert für die Anzahl der Sonnen, die für die Helligkeit einer mittleren Galaxie verantwortlich sind. Diese Methode ist zwar nicht besonders exakt, jedoch für eine Näherung völlig ausreichend. Zwicky verwendete für seine Abschätzungen einen Wert von $8,8 \times 10^7$ Sonnen. Damit ergab sich für den ganzen Haufen mit rund 1000 Galaxien eine leuchtende Masse von rund $8,8 \times 10^{10}$ Sonnen.

Als Zwicky nun die für die Leuchtkraft des Coma-Haufens verantwortliche Anzahl von $8,8 \times 10^{10}$ Sonnen – was ja gleichbedeutend ist mit $8,8 \times 10^{10}$ Sonnenmassen – mit der anhand des Virialtheorems errechneten Gesamtmasse von $4,5 \times 10^{13}$ Sonnenmassen verglich, musste er zu seinem Erstaunen feststellen, dass das Verhältnis von der Gesamtmasse zur leuchtenden Masse größenordnungsmäßig bei 500 liegt. Mit anderen Worten: Nur rund 0,2 Prozent der Haufenmasse machen sich in Form leuchtender Materie bemerkbar. Der überwiegende Rest von 99,8 Prozent ist unsichtbar, ist Dunkle Materie! Wissenschaftler drücken das lieber in Form eines Masse-Leuchtkraft-Verhältnisses aus. Da eine Sonnenmasse logischerweise eine Sonnenleuchtkraft hervorbringt, ist das Masse-Leuchtkraft-Verhältnis der Sonne gleich 1. Beim Coma-Haufen kommt jedoch auf eine Masse, die 500 Sonnenmassen entspricht, nur eine, die leuchtet. Das Masse-Leuchtkraft-Verhältnis des Haufens – $(M/L)_{Haufen}$ – ist demnach 500-mal größer als das Masse-Leuchtkraft-Verhältnis $(M/L)_{Sonne}$, oder als Gleichung geschrieben: $(M/L)_{Haufen} = 500(M/L)_{Sonne}$.

Dieses Ergebnis lässt bei Astronomen die Alarmglocken schrillen, denn es sagt ihnen, dass sich die Masse des Coma-Haufens keinesfalls nur aus leuchtschwachen Sternen zusammensetzen kann. Worauf sich diese Behauptung gründet, wollen wir kurz untersuchen. Wie schon erwähnt: Das Masse-Leuchtkraft-Verhältnis der Sonne ist gleich 1. Sollte sich also die Masse des Coma-Haufens nur aus Sternen wie unserer Sonne zusammensetzen, so müsste dessen Masse-Leuchtkraft-Verhältnis auch gleich 1 sein. Da es aber 500-mal größer ist als das der Sonne, müssten es Sterne sein, die ein 500-mal so großes Masse-Leuchtkraft-Verhältnis wie das unserer Sonne aufweisen. Gibt es solche Sterne? Man könnte es vermuten, denn die Leuchtkraft L eines Sterns wächst nicht proportional zu seiner Masse M, sondern mit der Masse des Sterns hoch 3,5. Es gilt also $L \propto M^{3,5}$. Das hat natürlich Konsequenzen. Ein Stern mit der doppelten Masse der Sonne weist demnach eine Leuchtkraft auf, die rund elfmal so groß ist wie die der Sonne, wogegen ein Stern von einer halben Sonnenmasse es gerade mal auf ein knappes Zehntel der Leuchtkraft der Sonne bringt. Damit hat ein Stern doppelter Sonnenmasse lediglich ein Masse-Leuchtkraft-Verhältnis von rund einem Fünftel der Sonne, wogegen das Masse-Leuchtkraft-Verhältnis eines Sterns von der halben Masse der Sonne rund sechsmal größer ist. Man sieht also: Bei Sternen, die massärmer sind als die Sonne, wächst das M/L-Verhältnis.

Vielleicht, so könnte man nun vermuten, gibt es ja Sterne von so geringer Masse, dass deren M/L-Verhältnis 500-mal größer wird als das der Sonne. Doch da tut sich ein Problem auf: Die untere Massegrenze für Sterne liegt bei etwa 0,08 Sonnenmassen. Noch kleinere Objekte sind in ihrem Inneren zu kalt, als dass dort die Kernreaktionen zünden könnten, die einem Stern die Energie für seine Leuchtkraft liefern. Überdies weiß man aus Beobachtungen, dass bei Sternen, die kleiner sind als rund 0,2 Sonnenmassen, die Leuchtkraft nicht mehr proportional zur Masse hoch 3,5, sondern höchstens hoch 2,5 wächst. Damit hat ein 0,08-Sonnenmassen-Stern ein M/L-Verhältnis von maximal $50(M/L)_{Sonne}$ – und das ist weit entfernt von 500. Es gibt also keine Sterne, deren M/L-Verhältnis auch nur annähernd an den Wert $500(M/L)_{Sonne}$ heranreicht. Der überwiegende Teil der Masse des Coma-Haufens kann daher nicht in Form von Sternen vorliegen, sondern muss sich aus anderen

Komponenten zusammensetzen. Was das sein könnte, darauf kommen wir noch zu sprechen.

Seit Zwickys sensationellem Befund sind einige Jahrzehnte ins Land gegangen, womit sich die Frage erheben könnte, ob sein Ergebnis auch heute noch Gültigkeit hat. Mittlerweile weiß man, dass er für die Hubble-Konstante – das ist eine Größe, die über die Expansionsgeschwindigkeit des Universums Auskunft gibt und die in die Berechnungen eingeht – einen Wert verwendet hatte, der nach heutigem Erkenntnisstand knapp achtmal zu groß war. Dadurch erhielt er eine zu hohe mittlere Geschwindigkeit für die Galaxien des Haufens und eine zu geringe Entfernung zum Coma-Haufen. Mit dem heute gültigen Wert der Hubble-Konstante erhöht sich zwar der Anteil der leuchtenden Materie an der Gesamtmasse des Haufens, aber er ist immer noch um den Faktor 50 kleiner als die Gesamtmasse. Das heißt: Nach wie vor sind rund 98 Prozent der Haufenmaterie unsichtbar. Prinzipiell ändert sich also nichts an Zwickys überraschender Entdeckung.

Zwickys Ergebnisse wurden übrigens lange Zeit angezweifelt und erst rund 40 Jahre später durch weitere Nachforschungen prinzipiell bestätigt. In der Zwischenzeit hat man neben dem Coma-Haufen speziell auf den ganz großen räumlichen Skalen eine Vielzahl anderer Galaxien- und Superhaufen entdeckt, bei denen wie schon beim Coma-Haufen die relative Bahnbewegung der Mitglieder nur durch einen hohen Anteil an Dunkler Materie zu erklären ist. Wie die Untersuchungen zeigen, ist dieser Anteil stets mindestens zehnmal so groß wie die leuchtende Masse des Haufens einschließlich der gesamten zum Haufen gehörenden Gasmenge. Aufgrund ihrer Größe und ihres statistischen Gewichts liefern daher die Galaxienhaufen wohl den wichtigsten Hinweis auf Dunkle Materie.

Rückblickend war so ein Befund nicht zu erwarten. Zu der

überraschenden Erkenntnis, dass es im Universum eine unbekannte Form von Materie gibt, gesellte sich damit auch die Frage nach deren Beschaffenheit. Diese Frage – wir nehmen es hier schon einmal vorweg – ist auch heute noch nicht beantwortet. Nach wie vor sind die Probleme, die ihre Ursache in der Dunklen Materie haben, eine Herausforderung an das Verständnis unserer Welt. Welche Lösungsansätze sich da anbieten, werden wir noch erfahren.

Noch mehr Dunkle Materie

Neben den gewaltigen Materieanhäufungen im Universum, den Galaxienhaufen und den Superhaufen, sind auch die Galaxien selbst Fundgruben für Dunkle Materie. Das zeigt sich besonders

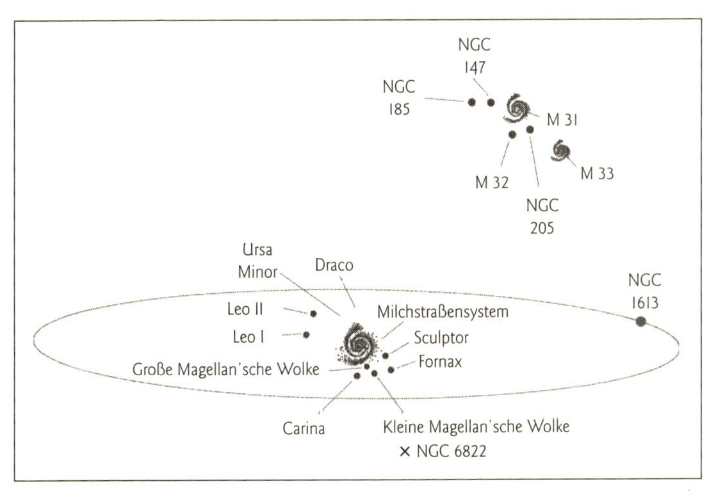

Abb. 5 Unsere Milchstraße und die rund 2,2 Millionen Lichtjahre entfernte Andromeda-Galaxie M 31 bilden zusammen mit ihren jeweiligen Begleitgalaxien die so genannte »Lokale Gruppe«. Die dreidimensionale Darstellung zeigt, dass Andromeda mit ihren Begleitern oberhalb der durch den Kreis angedeuteten Ebene der Milchstraße liegt.

eindrucksvoll bei Spiralgalaxien. Im Universum kommt dieser Galaxientyp recht häufig vor. So ist beispielsweise unsere Milchstraße ebenso eine Spiralgalaxie wie die rund 2,2 Millionen Lichtjahre entfernte Nachbargalaxie Andromeda.

Spiralgalaxien gehören zur Klasse der Scheibengalaxien. Bei diesen Objekten ist die sichtbare Materie in einem nahezu kugelförmigen Zentralbereich konzentriert, dem so genannten Bulge, der von einer im Verhältnis zum Durchmesser relativ dünnen Scheibe umgeben wird.

Was die Größe derartiger Objekte anbelangt, so hat beispielsweise die Scheibe unserer Milchstraße einen Durchmesser von rund 100 000 Lichtjahren, ist aber nur etwa 4000 Lichtjahre dick. Die leuchtenden Spiralarme, in denen die Sterne

Abb. 6 Durch ein Teleskop betrachtet, zeigt sich die Andromeda-Galaxie in ihrer ganzen Schönheit. Vor etwa 80 Jahren glaubte man noch, Andromeda sei lediglich ein heller Nebel, der zu unserer Milchstraße gehört. Ein Universum, das größer ist als unsere Galaxis, mit vielen anderen, weit entfernten unabhängigen Sternfamilien, konnte man sich nicht vorstellen. Mittlerweile weiß man, dass es sich bei Andromeda um eine eigenständige Spiralgalaxie, ähnlich unserer Milchstraße, handelt, die einige hundert Milliarden Sterne beheimatet.

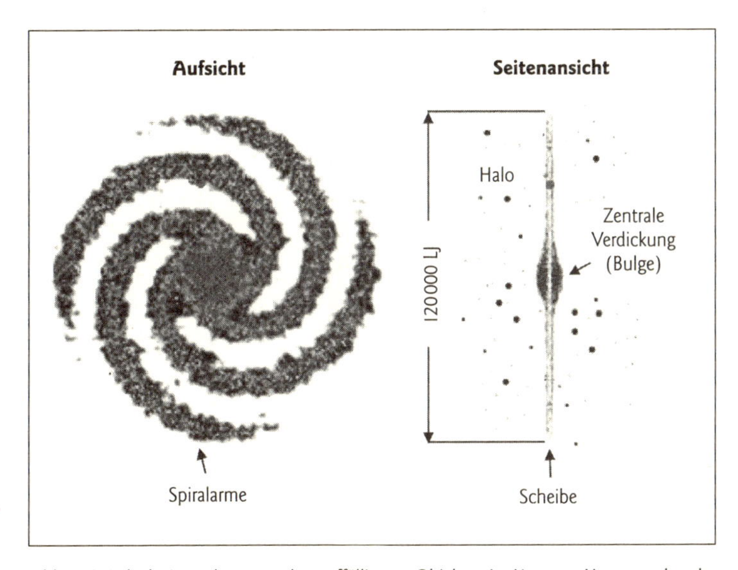

Abb. 7 Spiralgalaxien gehören zu den auffälligsten Objekten im Kosmos. Hervorstechendstes Merkmal sind die in der Scheibenebene liegenden, hell leuchtenden Spiralarme, in denen neue Sterne geboren werden. Alte, rot leuchtende Sterne bilden den so genannten Bulge im Zentrum der Galaxie. Dort ist die Sterndichte am größten. Während Spiralgalaxien gewaltige Abmessungen erreichen – beispielsweise hat unsere Milchstraße einen Durchmesser von rund 100 000 Lichtjahren –, sind ihre Scheiben mit einigen tausend Lichtjahren ausgesprochen dünn. Eingebettet in einen Halo aus alten Sternen, Gas und Kugelsternhaufen, rotieren Spiralgalaxien um eine Achse durch das Zentrum. In unserer Galaxis benötigt die Sonne rund 240 Millionen Jahre für einen Umlauf.

besonders dicht stehen und die den Spiralgalaxien ihr charakteristisches Aussehen verleihen, liegen in der Scheibenebene. Von der Seite gesehen, sieht also eine Spiralgalaxie aus wie ein zu den Enden hin immer dünner werdendes leuchtendes Band mit einer fast kugelförmigen Verdickung in der Mitte, wogegen man in der Aufsicht ein nahezu kreisrundes Rad mit mehreren spiralig gebogenen, leuchtenden Speichen erkennt.

Die Dunkle Materie kommt ins Spiel, wenn wir uns das Bewegungsverhalten der Spiralgalaxien näher ansehen. Spiralgalaxien drehen sich nämlich um eine zentrale, senkrecht zur

Abb. 8 Die zehn Millionen Lichtjahre entfernte Spiralgalaxie NGC 891 ist so im Raum positioniert, dass wir sie direkt von der Seite sehen. Derartige Positionen erlauben es aufgrund der Rot- und Blauverschiebung des von den Rändern der Galaxie empfangenen Lichtes, die Rotationsgeschwindigkeit der Galaxie zu bestimmen.

Scheibe stehende Achse. Die Geschwindigkeit, mit der die Scheibe rotiert, ist messbar. Das geht besonders gut bei einer Galaxie, die man von der Seite sieht, da deren Drehachse dann senkrecht zur Blickrichtung steht.

Dreht sich beispielsweise die Galaxie entgegen dem Uhrzeigersinn, so kommen die Sterne links von der Mitte auf uns zu, wogegen sich die Sterne der anderen Hälfte von uns wegbewegen (siehe *Abb. 9* auf Seite 35).

Das wirkt sich natürlich auf die Wellenlänge des Lichts aus, das wir von der Galaxie empfangen. Denn je nachdem, ob sich eine Lichtquelle auf uns zu- oder von uns wegbewegt, erscheint dem Beobachter das Licht der Quelle zum blauen beziehungsweise zum roten Ende des elektromagnetischen Spektrums hin verschoben. Die Wellenlänge wird also verkürzt beziehungsweise gestreckt, was den berühmten Dopplereffekt ergibt, der auch dafür verantwortlich ist, dass der Ton des Martinshorns eines sich uns nähernden Polizeifahrzeugs höher ist, als wenn sich das Fahrzeug von uns entfernt. Das Ausmaß

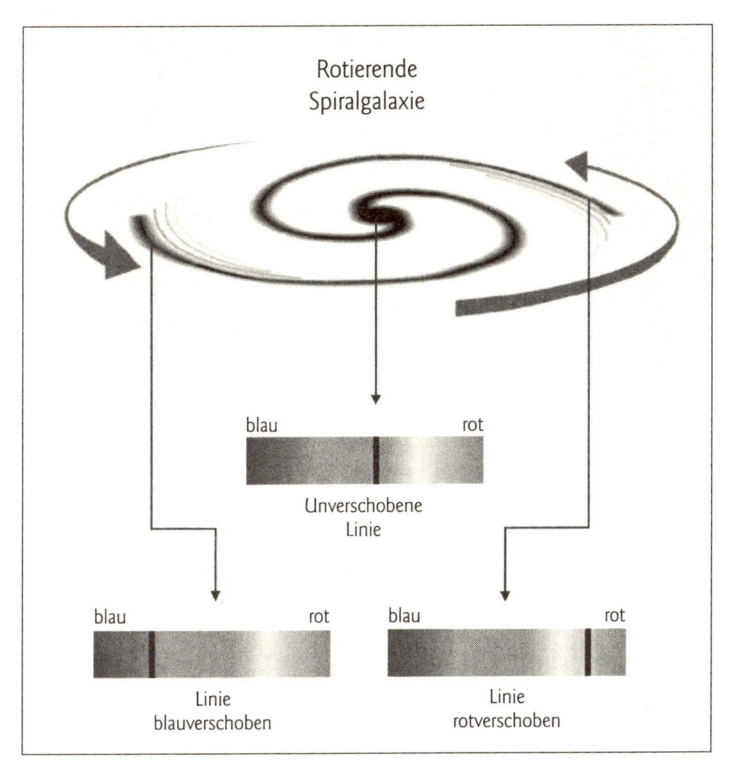

Abb. 9 Blickt man von der Seite auf eine Spiralgalaxie, so bewegen sich aufgrund der Rotation der Galaxie die Sterne am einen Rand auf uns zu, wogegen sie sich am anderen Rand von uns entfernen. Das führt zu einer Dopplerverschiebung des Lichtes. Dreht sich die Galaxie entgegen dem Uhrzeigersinn, so sind daher die Wellenlängen des empfangenen Lichtes links von der Galaxienmitte zu kürzeren und rechts davon zu längeren Wellenlängen verschoben. Da rotes Licht eine größere Wellenlänge besitzt als blaues, bezeichnet man das salopp auch als eine Blau- beziehungsweise Rotverschiebung des Lichtes.

der Verschiebung beziehungsweise die Wellenlängendifferenz zwischen bewegter und ruhender Lichtquelle ist ein Maß für die Geschwindigkeit der Lichtquelle und damit für die Rotationsgeschwindigkeit der Spiralgalaxie.

Da die Helligkeit der Scheibe gut erkennbar von der Mitte

zum Rand hin abnimmt, muss sich offenbar auch die leuchtende Materie von innen nach außen verringern. Aus dem Verlauf der Helligkeitsminderung kann man schließen, dass die Menge an leuchtender Materie exponentiell abnimmt. Wie sich eine Scheibe mit einer derartigen Massenverteilung dreht, lässt sich berechnen. Von der Scheibenmitte ausgehend, sollte die Rotationsgeschwindigkeit zunächst steil bis zu einem Maximalwert ansteigen, um von da nach außen langsam wieder kleiner zu werden. Was man jedoch gemessen hat, sieht anders aus: Zwar steigt bei allen Spiralgalaxien die Rotationsge-

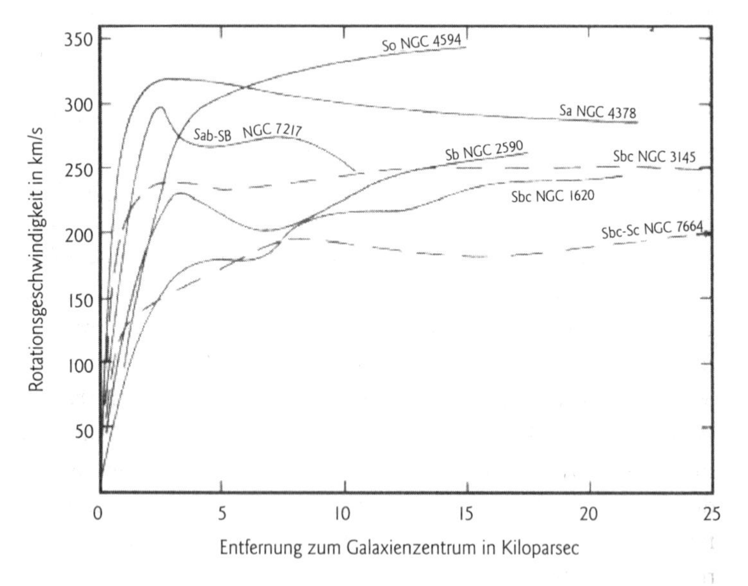

Abb. 10 Das Diagramm zeigt die gemessenen Rotationskurven von sieben verschiedenen Spiralgalaxien. Wäre nur die leuchtende Materie Ursache der wirkenden Gravitationskräfte, so müsste die Rotationskurve einer Spiralgalaxie, nachdem sie zunächst ein Maximum erreicht hat, mit zunehmender Entfernung vom Zentrum wieder abfallen. Man beobachtet jedoch ein völlig anderes Verhalten: Die Geschwindigkeit bleibt mehr oder weniger konstant, sogar bis weit über den leuchtenden Rand der Galaxie hinaus. Dieses Rotationsverhalten lässt sich nur erklären, wenn man annimmt, dass die sichtbare Materie lediglich geringfügig zur Gesamtmasse der Galaxie beiträgt, der wesentliche Anteil aber aus Dunkler Materie besteht.

schwindigkeit wie berechnet zunächst an, überraschenderweise fällt sie jedoch dann nicht mehr ab, sondern verbleibt auf einem nahezu konstant hohen Wert!

Selbst bis hinaus zu einem Scheibenradius von mehreren hunderttausend Lichtjahren ändert sich daran praktisch nichts, obwohl in diesen Außenbereichen der Spiralgalaxien kaum mehr leuchtende Materie zu finden ist.

Dieses Rotationsverhalten lässt sich nur erklären, wenn die Masse mit wachsendem Abstand vom Zentrum nicht, wie es die leuchtende Scheibe vermuten lässt, exponentiell abnimmt, sondern linear mit dem Radius anwächst. Neben der sichtbaren, zum Rand der Scheibe immer weniger werdenden Materie in Form von Sternen muss eine viel größere Menge an nicht sichtbarer Dunkler Materie vorhanden sein, die offenbar nur zur Gravitationskraft, nicht aber zur Leuchtkraft der Galaxie beiträgt. Versteckt ist diese Masse in einem kugelförmigen Bereich, dem so genannten Halo, der die Galaxien umgibt. Dass solche Halos um Spiralgalaxien tatsächlich existieren, zeigt das Vorhandensein vereinzelter Sterne und insbesondere so genannter Kugelsternhaufen, die alle durch die Schwerkraft an die Galaxie gebunden und bis zu einer Entfernung von etwa 300 000 Lichtjahren ober- und unterhalb der Galaxienscheibe zu finden sind. Wäre die Masse der Galaxie auf die sichtbare leuchtende Materie beschränkt, so wäre die Gravitationskraft der Galaxie viel zu klein, um die so weit vom Zentrum entfernten und mit hoher Geschwindigkeit um die Galaxie rotierenden Einzelsterne und Sternassoziationen halten zu können. Die Galaxie hätte diese Objekte längst verloren.

Wie bei Galaxienhaufen kann man natürlich auch bei einer einzelnen Galaxie die weit außen umlaufenden Objekte zur Bestimmung der gesamten Galaxienmasse nutzen. Dazu genügt es wieder, die Umlaufgeschwindigkeit der Objekte und deren Entfernung vom Galaxienzentrum zu messen. Man kann aber auch den im Halo verteilten neutralen Wasserstoff zur Messung der Rotationsgeschwindigkeit heranziehen. Das Wasserstoffatom besteht aus einem Proton, dem Kern des Atoms, und einem um den Kern kreisenden Elektron. Beide Teilchen drehen sich zudem noch um ihre Achse, das heißt, sie haben einen Eigendrehimpuls, den die Teilchenphysiker auch als Spin bezeichnen. Normalerweise sind die Spins der beiden Partner im Wasserstoffatom einander entgegengesetzt gerichtet, also antiparallel. Stoßen jedoch zwei Wasserstoffatome zusammen, so kann der Spin des Elektrons umklappen, sodass nun sowohl der Spin des Protons als auch der des zum Atom gehörenden Elektrons zueinander parallel gerichtet sind. Das entspricht einem Zustand geringfügig höherer Energie. Weil aber die Wasserstoffatome bestrebt sind, den Zustand niedrigster Energie einzunehmen, klappt der Spin des Elektrons nach einiger Zeit wieder um, wobei die Energiedifferenz in Form eines Photons der Wellenlänge 21,1 Zentimeter abgestrahlt wird. Je nachdem, wie schnell sich nun das Wasserstoffatom im Halo der Galaxie bewegt, wird genau wie bei einem bewegten Stern die Wellenlänge entsprechend verschoben. Damit hat man noch eine zweite Art von »leuchtenden« Objekten, mit deren Hilfe sich die Geschwindigkeiten im Halo ermitteln lassen.

Welches Verfahren man auch benutzt, mit der nun schon mehrfach erwähnten »Gleichgewichtsbedingung« $v^2 = (GM)/r$ kann man daraus die Galaxienmasse berechnen. Für unsere Nachbargalaxie Andromeda erhält man so eine Gesamtmasse – Galaxie plus Halo – von rund 400 Milliarden Sonnenmassen. Betrachtet man speziell ihre Außenregionen, das heißt die Bereiche in einem Abstand von etwa 100 000 Lichtjahren vom Zentrum, so gelangt man zu einem Masse-Leuchtkraft-Verhältnis, das rund 200-mal so groß ist wie jenes der Sonne. Mit anderen Worten: In diesem Bereich besteht die Materie wieder zu 99,5 Prozent aus Dunkler Materie. Schließlich ergibt eine Massenbestimmung anhand ihrer Leuchtkraft, dass Andromeda insgesamt mindestens zehnmal so viel Dunkle Materie enthält wie leuchtende. Ähnliche Werte liefern auch die Untersuchungen an anderen Spiralgalaxien, beispielsweise an der rund 47 Millionen Lichtjahre entfernten Galaxie NGC 3198. Auch dort hat man die Rotationskurve bis zu einem Abstand von rund 100 000 Lichtjahren vom Zentrum vermessen und dabei festgestellt, dass sie nicht wie erwartet abfällt. Für dieses Rotationsverhalten von NGC 3198 ist mindestens viermal so viel Dunkle wie sichtbare Materie verantwortlich. So wie diese beiden Beispiele gibt es noch eine ganze Reihe anderer Spiralgalaxien, und bei allen zeigt sich, dass der Anteil an Dunkler Materie ein Vielfaches der sichtbaren Materie ausmacht.

Neben diesen aufgrund ihrer eindrucksvollen Struktur und Leuchtkraft besonders auffälligen Spiralgalaxien finden sich noch zahlreiche andere Objekte, die ebenfalls den Schluss nahe legen, dass es im Universum wesentlich mehr unsichtbare als sichtbare Materie gibt. Dazu gehören beispielsweise die Zwerggalaxien, die oft als Begleiter größerer Galaxien auftreten. Meist handelt es sich um eine mehr oder weniger sphärische oder elliptisch geformte Ansammlung von Sternen mit einer Ausdehnung von mehreren tausend Lichtjahren. Damit sind diese Strukturen deutlich kleiner als beispielsweise eine Spiralgalaxie. Auch bei diesen Objekten kann man aus der Art, wie sich die Sterne im Galaxienverband relativ zueinander bewegen, auf den Anteil Dunkler Materie schließen. Langjährige Beobachtungen haben gezeigt, dass auch Zwerggalaxien eine etwa zehnmal größere Menge an Dunkler Materie enthalten, als an leuchtender Materie und in Form von neutralem Wasserstoffgas vorhanden ist.

Und dann gibt es noch die Kugelsternhaufen, die ihren Namen ihrem Aussehen verdanken und die in den Halos von

Abb. 11 Ein typischer Kugelsternhaufen in unserer Milchstraße. In diesen Sternassoziationen drängen sich bis zu eine Million Sterne in einem Kugelvolumen, dessen Radius nur etwa 30 Lichtjahre beträgt. Während in unserer Milchstraße der Abstand zwischen zwei Sternen im Mittel rund sieben Lichtjahre beträgt, ist er in den Kugelsternhaufen kleiner als ein Lichtjahr.

Spiralgalaxien zu finden sind. Bis zu eine Million Sterne konzentrieren sich dort auf engstem Raum.

Da diese Sternfamilien den Gezeitenkräften ihrer Muttergalaxie unterliegen, verlieren sie immer wieder mal ein paar ihrer stellaren Mitglieder. Daraus kann man auf die Struktur des Dunklen Halos ihrer Muttergalaxie schließen. In den Kugelsternhaufen selbst wurden bisher keine direkten Hinweise auf Dunkle Materie gefunden. Das mag daran liegen, dass Kugelsternhaufen äußerst kompakte Objekte darstellen, sodass ein eventueller Halo aus Dunkler Materie nur sehr schwer erkennbar sein dürfte. Da diese Assoziationen jedoch trotz der sich mit relativ hohen Geschwindigkeiten bewegenden Sterne eisern zusammenhalten, ist auch dort ein gewisser Anteil Dunkler Materie sehr wahrscheinlich.

Schließlich werden um elliptische Galaxien und zwischen den einzelnen Galaxien eines Galaxienhaufens häufig riesige Wolken aus etwa 10 bis 100 Millionen Kelvin heißem ionisiertem Wasserstoffgas beobachtet, die sich durch starke Röntgenstrahlung bemerkbar machen (273,15 Kelvin entsprechen null Grad Celsius und null Kelvin dem absoluten Nullpunkt, der niedrigsten physikalisch sinnvollen Temperatur). Da sich die Gasmoleküle aufgrund der hohen Temperatur extrem schnell bewegen, sollten sich diese Wolken entgegen der Gravitationskraft, welche die beobachtbare Masse der Wolke auf ihre Bestandteile ausübt, schon längst aufgelöst haben. Dass das nicht der Fall ist, lässt sich wiederum nur mit einem hohen Anteil Dunkler Materie erklären.

Fasst man alle Beobachtungen zusammen, so sieht man sich mit einem Ergebnis konfrontiert, das man so nicht erwartet hatte. Was wir bei einem Blick zum Himmel direkt bemerken oder in den Tiefen des Alls mit den lichtempfindlichen Detektoren unserer Teleskope wahrnehmen, ist nur ein geringer Teil dessen, was uns an Materie umgibt. All die Sterne mit ihren zugehörigen Planeten, die Galaxien, die ausgedehnten Staubwolken und das gesamte Gas des interstellaren und intergalaktischen Mediums ergeben zusammen höchstens zehn Prozent der Materie im Universum. Der überwiegende Rest ist dunkel, macht sich nur durch die Gravitation auf sichtbare Materie bemerkbar, ist uns ansonsten aber völlig unbekannt. Wir wissen weder, um was es sich dabei handelt, noch, wo genau sich dieser unbekannte Stoff versteckt. Dass wir anscheinend nur von einem kleinen Bruchteil der Materie eine Vorstellung haben, ist schon ein wenig bedrückend.

Was ist Dunkle Materie?

Dass da etwas zu sein scheint, was wir weder sehen noch fassen, geschweige denn erklären können, ist in gewisser Weise auch für die astronomische Gemeinde peinlich. Der interessierte Laie, den die Flut neuer Erkenntnisse in der Astronomie zunehmend verwirrt, mag sich da schon gelegentlich fragen, was das für eine Wissenschaft ist, deren Protagonisten ihre eigenen Entdeckungen nicht mehr verstehen. Wie glaubhaft sind dann die bisher aufgestellten Theorien zur Entwicklung der Welt? Sind sie falsch, muss man sie umschreiben, oder sind sie so flexibel, dass sie auch unter Berücksichtigung der Dunklen Materie noch Gültigkeit haben? Aus diesem Blickwinkel sind die Anstrengungen, die unternommen werden, um das Phänomen Dunkle Materie zu ergründen, nur zu verständlich.

Doch wenn man im wahrsten Sinn des Wortes im Dunkeln tappt, hat die Fantasie oft leichtes Spiel. Auch abstruse Hypothesen sind da auf Anhieb nicht zu widerlegen. Was soll man entgegnen, wenn jemand behauptet, Dunkle Materie bestehe aus einer Unmenge grauer Ziegelsteine oder aus vielen verlassenen Raumschiffen Außerirdischer? Spötter haben sogar in einem Anflug von Sarkasmus gemutmaßt, dass sich die Dunkle Materie aus Kopien der Zeitschrift *Astrophysical Journal* zusammensetzt, deren Beiträge manchem hin und wieder ähnlich unverständlich sind. Schließlich könnte es sogar sein, dass die Fachwelt mit all ihren Vermutungen auf dem Holzweg ist. Vielleicht, so kann man spekulieren, gibt es ja gar keine Dunkle Materie, und die Beobachtungen haben eine völlig andere Erklärung. Man ist nur noch nicht darauf gekommen, welche. Doch davon später mehr.

Neben diesen »Hirngespinsten« gibt es aber auch eine Vielzahl »seriöser« Kandidaten für Dunkle Materie, beispielsweise interstellare Planeten, Braune Zwerge, Sterne mit sehr kleiner

Masse, kleine Schwarze Löcher, Neutrinos und vor allem unbekannte Teilchen, die mit der uns bekannten Materie nicht in Wechselwirkung treten.

Ω – eine wichtige Größe

Bevor wir uns jedoch eingehender mit der Dunklen Materie beschäftigen, wollen wir uns auf einen kurzen Ausflug in die Kosmologie begeben. In diesem Teilgebiet der Astronomie geht man der Frage nach: Wie ist das Universum entstanden, und wie hat es sich entwickelt? Dass das Universum in einem so genannten Urknall, dem Big Bang, entstand, gehört heute, insbesondere nach der Entdeckung der kosmischen Hintergrundstrahlung, zu den gesicherten Erkenntnissen der Kosmologen. Mit diesem Ereignis fing das Universum an sich auszudehnen, und die Begriffe »Raum« und »Zeit« bekamen einen Sinn. Und damit sind wir auch schon bei einem Stichwort angelangt, nämlich »ausdehnen«. Denn die Art und Weise, wie das Universum mit der Zeit expandiert, hängt entscheidend davon ab, wie viel Masse im Universum vorhanden ist.

Das Verhältnis von Masse pro Volumen heißt in der Physik Dichte. Im Folgenden wollen wir diesem Parameter den griechischen Buchstaben ρ (Rho) geben. Je mehr Masse pro Volumen vorhanden ist, desto größer ist auch die Dichte. Folgt man nun den Theorien, die die Entwicklung des Universums beschreiben, so gibt es, abhängig von der Dichte im Universum, drei unterschiedliche Formen des Expansionsverhaltens. Hat die Dichte im Universum einen ganz speziellen Wert, der auch als »kritische Dichte« ρ_c bezeichnet wird, so dehnt sich der Kosmos in alle Ewigkeit aus, wobei die Ausdehnungsgeschwindigkeit aber immer weiter abnimmt, bis sie sich in unendlich ferner Zeit dem Wert null nähert. Der Wert der kritischen Dichte ergibt sich aus der Theorie zu $9{,}7 \times 10^{-27}$ Kilogramm pro Kubikmeter. Ein Universum, dessen Dichte gleich der kritischen Dichte ist, bezeichnen die Kosmologen als »flach«.

Um uns eine gewisse Vorstellung von einem flachen Universum zu machen, greifen wir zu einem kleinen Trick. Unser tägliches Leben spielt sich in insgesamt drei Raumdimensionen ab: nämlich in der Länge, der Breite und der Höhe. Streicht man nun in Gedanken einfach die Raumdimension Höhe, so bleiben nur noch Länge und Breite übrig, und man hat es mit Flächen zu tun. In diesem vereinfachten Modell entspräche ein flaches Universum einer unendlich ausgedehnten Ebene, in der sich parallele Linien niemals schneiden und die Winkelsumme in einem Dreieck stets 180 Grad beträgt.

Fällt die Dichte des Universums höher aus als die kritische Dichte, so ist das Universum nicht mehr flach, sondern gekrümmt, und zwar positiv. Man könnte ebenso sagen, es sei kugelförmig oder sphärisch gekrümmt. Ein derartiges Universum bezeichnet man auch als geschlossenes Universum. In unserem vereinfachten Modell entspräche es der Oberfläche einer Kugel, und ähnlich wie bei einer Kugel, deren Oberfläche endlich ist, ist auch ein geschlossenes Universum endlich. In ihm können sich parallele Geraden schneiden, und die Winkelsumme in einem Dreieck ist immer größer als 180 Grad. Was das Expansionsverhalten eines geschlossenen Universums anbelangt, so verläuft es grundlegend anders als bei einem flachen Universum. Zunächst wächst es mehr oder weniger schnell bis zu einer Maximalgröße heran, um von da an wieder zusammenzuschrumpfen und sich schließlich auf die Größe eines Punktes zusammenzuziehen. Kosmologen bezeichnen dieses Endstadium im Gegensatz zum Big Bang als »Big Crunch«, Großes Zermalmen. Wie schnell dieser Zyklus durchlaufen wird, hängt davon ab, um wie viel die aktuelle Dichte des Universums größer ist als die kritische Dichte.

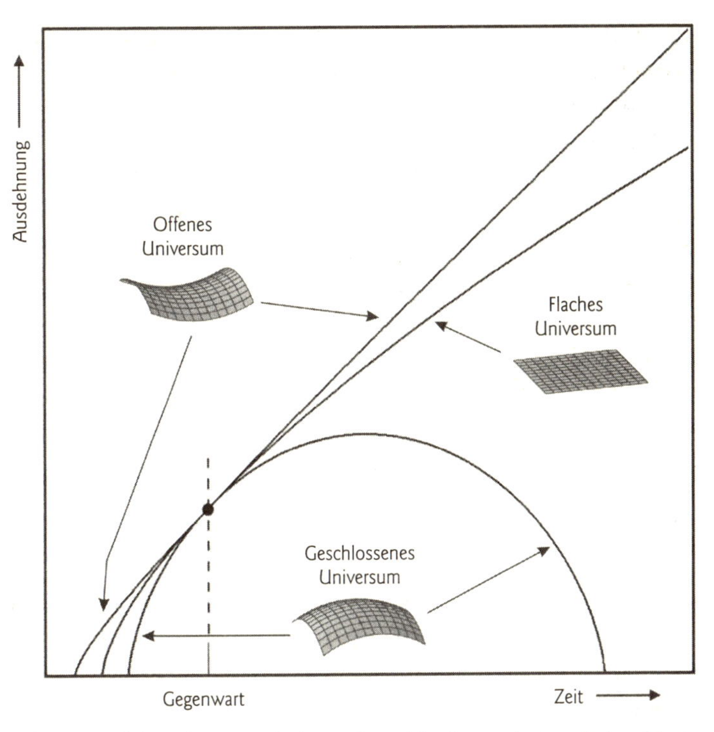

Abb. 12 Je nachdem, ob man es mit einem offenen ($\Omega < 1$, $\rho < \rho_c$), einem flachen ($\Omega = 1$, $\rho = \rho_c$) oder einem geschlossenen ($\Omega > 1$, $\rho > \rho_c$) Universum zu tun hat, verläuft die zeitliche Entwicklung anders. Ein offenes Universum expandiert in alle Ewigkeit, bei einem flachen Universum kommt die Expansion nach unendlich langer Zeit zum Stillstand, wogegen sich bei einem geschlossenen Universum die Expansion nach gewisser Zeit umkehrt und das Universum wieder zusammenschrumpft.

Schließlich kann die Dichte im Universum auch kleiner sein als die kritische Dichte. In diesem Fall hat man es mit einer negativ gekrümmten oder auch hyperbolischen Fläche zu tun. In unserem vereinfachten Modell entspräche das einer so genannten Sattelfläche, deren Form einem Pferdesattel ähnelt, der sich zum Kopf und Schwanz des Pferdes aufwärts und an den Flanken nach unten biegt. Die Winkelsumme in einem

Dreieck ist immer kleiner als 180 Grad. Ein hyperbolisch gekrümmtes Universum nennt man auch »offen«. Ein offenes Universum expandiert unbegrenzt.

Wie die Beispiele zeigen, kommt es also auf das Verhältnis von tatsächlicher Dichte ρ im Universum zur kritischen Dichte ρ_c an, ob es sich um ein offenes, ein flaches oder ein geschlossenes Universum handelt. In der Kosmologie kennzeichnet man dieses Verhältnis mit dem Buchstaben Ω (Omega) und nennt es »Dichteparameter«. Ist die tatsächliche Dichte gleich der kritischen Dichte, so hat Ω den Wert 1, und das Universum wäre flach. Für Ω größer als 1 wäre es geschlossen, während es für Ω kleiner als 1 offen wäre. Im zweiten Teil unseres Buches werden wir auf diesen Zusammenhang nochmals eingehen.

Und noch eine Bemerkung zu Ω: Bisher haben wir so getan, als hinge der Dichteparameter nur von der Menge an Materie im Universum ab. Kennzeichnet man diesen Dichteparameter mit Ω_M, so könnte man Ω gleich Ω_M setzen. Tatsächlich muss man aber auch der Strahlung im Universum und – wie sich im zweiten Teil des Buches herausstellen wird – einer noch unbekannten Energieform eine Dichte zuschreiben und sie ins Verhältnis zur kritischen Dichte setzen. Folglich lassen sich auch für die Strahlung ein Dichteparameter Ω_{St} und für die unbekannte Energie ein Dichteparameter Ω_Λ definieren. Damit setzt sich Ω aus mehreren Komponenten zusammen, sodass gilt: $\Omega = \Omega_M + \Omega_{St} + \Omega_\Lambda$.

Verräterisches Ω_M

Mit dem Dichteparameter Ω_M, für den wir uns im Folgenden ausschließlich interessieren, wollen wir uns jetzt eingehender befassen. Wir behaupten: Allein der Wert dieses Parameters verrät eine Menge über die Dunkle Materie. Die erste Frage lautet daher: Kann man den Wert von Ω_M in unserem Universum bestimmen? Die Antwort: Ja, man kann! Im Prinzip ist es gar nicht so schwierig. Wir haben ja einige der Techniken besprochen, mit denen es den Astronomen gelingt, die Massen von Galaxien und auf noch größeren räumlichen Skalen von Galaxien- und Superhaufen abzuschätzen. Im Prinzip muss man demnach »nur« abzählen, wie viele Galaxien in einem bestimmten Volumen des Raumes enthalten sind. Diese Zahl, multipliziert mit der mittleren Masse einer Galaxie, ergibt dann die in diesem Raumbereich konzentrierte Masse. Da das Universum auf großen Skalen homogen und isotrop ist, also in allen Punkten des Raumes und in alle Richtungen gleich aussieht, kann man davon ausgehen, dass auch andere Volumina gleicher Größe ähnlich große Massen enthalten. Mit dieser Annahme lässt sich – natürlich mit einer gewissen Unsicherheit – die Gesamtmasse im Universum hochrechnen. Und was kommt dabei heraus? Die Antwort lautet: Die Dichte des Universums beträgt nur etwa 30 ± 10 Prozent der kritischen Dichte. Ω_M hat also den Wert 0,3 ± 0,1.

Um zu erkennen, was nun dieses Ergebnis über die Dunkle Materie aussagt, müssen wir noch etwas an Vorarbeit leisten. Dazu blicken wir zurück in die Vergangenheit, in die Frühzeit des Universums. Etwa eine Hunderttausendstelsekunde nach dem Urknall war das Universum so weit abgekühlt, dass die Urbausteine der Materie, die Quarks, nicht mehr als selbstständige Teilchen existieren konnten und sich je drei zu einem Proton beziehungsweise einem Neutron zusammenfanden. Praktisch war das die »Geburtsstunde« der uns vertrauten Materie. Aus diesen Kernbausteinen, die man auch als Baryonen bezeichnet, was so viel bedeutet wie »schwere Teilchen«, baut sich alles auf, was uns heute an Materie begegnet. Atomkerne gab es jedoch zu diesem Zeitpunkt noch keine. Die konnten sich erst etwa eine Sekunde später formieren, als die Temperatur aufgrund der Expansion des Universum noch weiter auf etwa zehn Milliarden Kelvin abgesunken war. Jetzt begannen die Prozesse, in denen Protonen und Neutronen dauerhaft zu den ersten Elementen verschmolzen. In den darauf folgenden drei Minuten entstanden die leichten Elemente Helium, etwas Beryllium und noch weniger Lithium. Im Fachjargon wird diese kurze Zeitspanne, in der das Universum wie ein gewaltiger Fusionsreaktor arbeitete, schlicht als »primordiale Nukleo-« beziehungsweise »Kernsynthese« bezeichnet.

Interessant ist vor allem das Helium. Denn Helium, dessen Kern aus zwei Protonen und zwei Neutronen besteht, entstand nicht aus der direkten Vereinigung dieser Bausteine, sondern auf Umwegen aus Deuterium, das sich aus einem Proton und einem Neutron zusammensetzt. In der Chronologie der Ereignisse fanden sich also bei der primordialen Kernsynthese zunächst je ein Proton und ein Neutron zu einem Deuteriumkern zusammen. In einem nächsten Schritt mussten dann zwei Deuteriumkerne zusammenstoßen, wobei entweder Helium-3 (zwei Protonen, ein Neutron) oder Tritium (zwei Neutronen, ein Proton) gebildet wurde. Verschmolz dann der Helium-3- beziehungsweise der Tritiumkern mit einem weiteren Deuteriumkern, so entstand schließlich Helium, wobei jeweils ein überschüssiges Proton beziehungsweise Neutron freigesetzt wurde.

Summa summarum heißt das: Damit es überhaupt zur Fusion von Helium kommen konnte, musste sich vorab eine Menge Deuteriumkerne gebildet haben.

Wie viel Deuterium während der Kernsynthese produziert beziehungsweise wie viel zum Aufbau von Helium verbraucht wurde und man heute noch davon findet, hängt empfindlich von der Baryonendichte im Universum ab. Damit sind zwei Szenarien denkbar, die zu unterschiedlichen Ergebnissen führen. Fall eins: War die Dichte groß, das heißt, es tummelten sich zahlreiche Protonen und Neutronen in Form von Deuterium in einem Kubikzentimeter, so konnten sich damals pro Zeiteinheit viele Zusammenstöße zwischen den Deuterium-

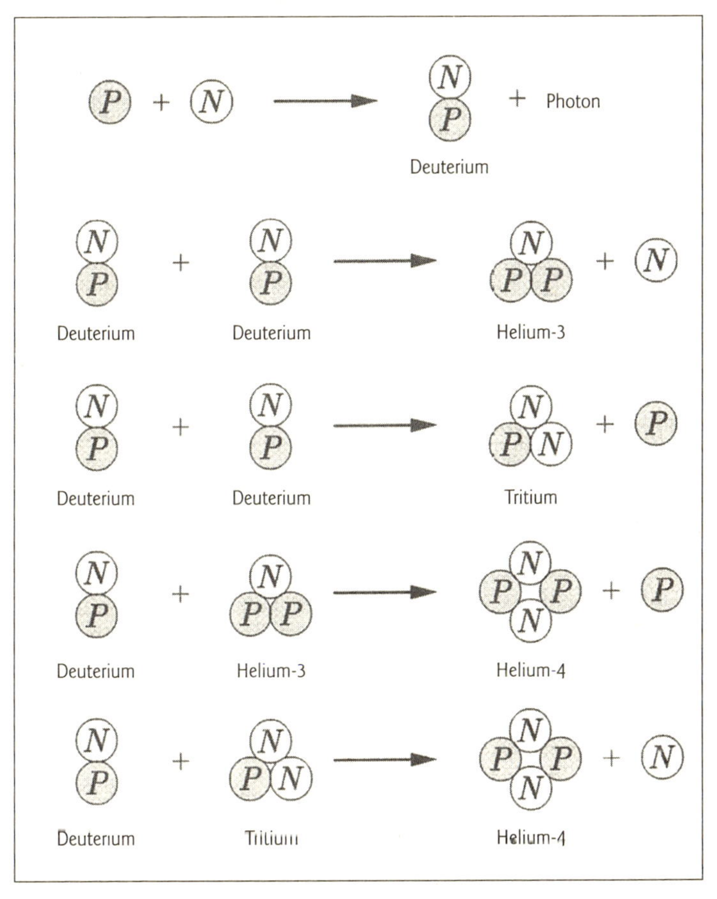

Abb. 13 In der Zeit von etwa einer Sekunde bis drei Minuten nach dem Urknall bildeten sich im Universum die Kerne der Wasserstoffisotope Deuterium und Tritium, des Heliumisotops Helium-3 sowie der leichten Elemente Helium-4, Beryllium und Lithium. Das Schema zeigt die ersten Schritte der »primordialen Nukleosynthese« mit der Fusion von Protonen und Neutronen zu Deuterium und die folgende Entwicklung zur Bildung von Helium-4.

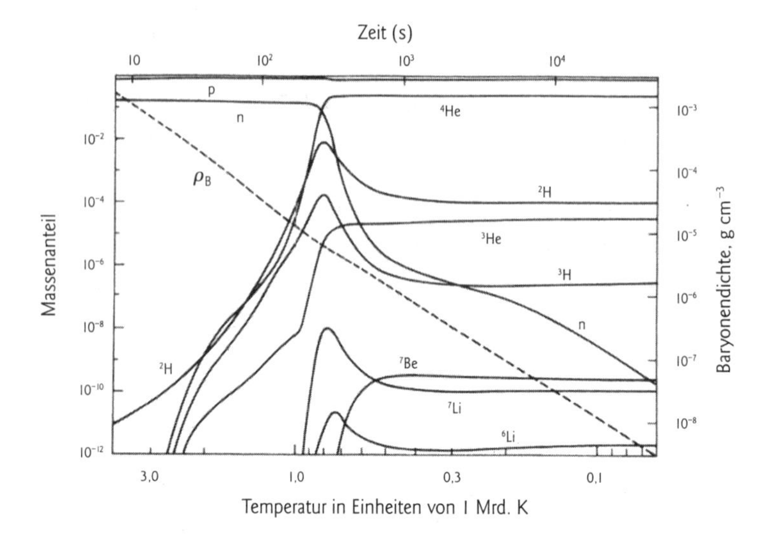

Abb. 14 Mit sinkender Temperatur im Universum haben sich die Massenanteile der leichten Elemente im Lauf der Zeit um Größenordnungen verschoben. Interessant ist vor allem die Kurve der Neutronen. Beginnend bei etwa 200 Sekunden nach dem Urknall, nimmt die Menge dieser Kernbausteine dramatisch ab, da nahezu alle Neutronen zum Aufbau der Elemente verbraucht werden. Am rechten Rand der Grafik ist die damalige Baryonendichte angegeben.

kernen ereignen. Folglich entstand eine große Menge Helium, und als die Kernsynthese aufgrund der Expansion des Universums zum Stillstand kam, blieb nur wenig Deuterium übrig. Fall zwei: War die Dichte gering, so kam es nur selten zu Kollisionen unter den Deuteriumkernen, sodass kaum Deuterium zum Aufbau von Helium verbraucht wurde. Misst man also die heute noch vorhandene Deuteriumhäufigkeit im Universum, so kann man daraus mithilfe der gut verstandenen Gesetze, welche die Bildung der leichten Elemente im frühen Universum regeln, auf die Dichte der baryonischen Materie schließen.

Bevor man jedoch derartige Untersuchungen anstellt, muss man zuerst einmal klären, ob es sich bei dem, was man da misst, wirklich nur um den primordialen Deuteriumgehalt handelt. Vielleicht ist da ja auch Deuterium dabei, das sich später auf irgendeine Weise hinzugesellt hat und somit das Ergebnis der folgenden Dichteberechnung verfälscht. Nach allem, was man bisher weiß, muss man sich hier jedoch keine Sorgen machen. Gegenwärtig ist kein Prozess im Universum bekannt, der neben der primordialen Nukleosynthese zur Produktion von Deuterium und somit zu einer nachträglichen Ergänzung des Deuteriumvorrats geführt haben könnte. Selbst in den Sternen, in denen sämtliche chemischen Elemente, die schwerer sind als Helium, fusioniert werden, wird kein Deuterium aufgebaut, vielmehr wird eventuell vorhandenes Deuterium dort zerstört. Was man findet, stammt also ausschließlich aus den ersten drei Minuten nach dem Urknall.

Trotzdem wird das Messergebnis nicht die ganze Wahrheit über den ursprünglichen Gehalt an Deuterium widerspiegeln. Denn die Sterne, die seitdem entstanden sind, haben ja nicht nur Wasserstoff und Helium aus den Gaswolken für ihren Aufbau entnommen, sondern auch Deuterium. Das aber wird, wie bereits gesagt, in den Sternen vernichtet. Aufgrund dessen hat sich der Deuteriumanteil in den interstellaren und intergalaktischen Wolken im Lauf der Zeit schrittweise verringert. Die Bestimmung der Deuteriumhäufigkeit, wie sie unmittelbar nach Abschluss der primordialen Nukleosynthese gegeben war, ist demnach zwangsläufig mit einem gewissen Fehler behaftet und liefert lediglich einen unteren Grenzwert.

Das meiste Vertrauen genießen Messergebnisse, die man aus den Absorptionslinien intergalaktischer, neutraler Wasserstoffwolken hoher Rotverschiebung gegen das Licht weit entfernter Quasare gewinnt. In der Alltagssprache heißt das: Man sucht sich eine sehr weit entfernte Gaswolke, die von einem noch weiter entfernten Quasar, einem extrem leuchtkräftigen Objekt, von hinten beleuchtet wird. Das Licht des Quasars wird von den Atomen und Molekülen der Wolke selektiv absorbiert, wobei charakteristische Absorptionslinien im Spektrum des Quasarlichts entstehen, die über die in der Wolke enthaltenen Moleküle beziehungsweise Atome Auskunft geben. Da man nur Wolken beobachtet, die sehr weit entfernt sind, und das Licht von dort lange braucht, um zu uns zu gelangen, blickt man praktisch tief in die Vergangenheit zurück. Folglich sieht man die Wolken in einem Zustand, als das Universum noch relativ jung war und sich noch keine oder zumindest nur wenige Sterne gebildet haben. Daher ist die Annahme gerechtfertigt, dass der Deuteriumanteil in der Wolke noch relativ unverfälscht erhalten ist.

Alternativ kann man auch die Absorptionslinien des interstellaren Mediums der Milchstraße untersuchen. Die gewonnenen Daten sind jedoch mit einem deutlich größeren Fehler behaftet, da ja in der Milchstraße mittlerweile Milliarden Sterne entstanden sind. Was die Messtechnik betrifft, so ist sie bei beiden Verfahren identisch. Im Prinzip benötigt man nur ein hochauflösendes, empfindliches Spektrometer, um aus der Intensität der Absorptionslinien die Deuteriumhäufigkeit zu ermitteln.

Eine dritte Möglichkeit zur Messung der Deuteriumhäufigkeit beruht auf einem Vergleich der Jupiteratmosphäre mit interstellaren Gaswolken. Dieses Verfahren liefert den Deuteriumgehalt allerdings nur indirekt. Dabei setzt man voraus, dass sich seit der Entstehung des Sonnensystems mit seinen Planeten vor etwa viereinhalb Milliarden Jahren die Zusammensetzung der Jupiteratmosphäre nicht wesentlich verändert hat. Der ursprüngliche Deuteriumgehalt ist demnach insbesondere in den deuterierten Molekülen, also in solchen Molekülen, die anstelle eines oder mehrerer Wasserstoffatome Deuterium eingebaut haben, erhalten geblieben. Anders verhält es sich mit den interstellaren Wolken. Bei ihnen hat sich das Deuterium im Laufe der Zeit aufgrund der fortwährenden Entstehung neuer Sterne zunehmend verringert. Aus dem Vergleich der Deuteriumhäufigkeit in der Jupiteratmosphäre mit jener in den interstellaren Wolken kann man daher ablesen, mit welcher Rate Deuterium verloren geht. Damit lassen sich der Prozentsatz des seit dem Urknall zerstörten Deuteriums und die ursprüngliche Deuteriumhäufigkeit berechnen.

Fasst man die Ergebnisse aller Messungen zusammen, so erhält man eine Deuteriumhäufigkeit von etwa 1 zu 10 000 oder anders ausgedrückt: Auf ein Deuteriumatom kommen gegenwärtig 10 000 Wasserstoffatome. Der Vergleich dieses Messwertes mit der Kurve, die man für die primordiale Deuteriumhäufigkeit in Abhängigkeit von der Baryonendichte im Universum berechnet hat, zeigt, dass Messung und Berechnung nur bei einer Baryonendichte von rund 4×10^{-28} Kilogramm pro Kubikmeter übereinstimmen. Da wie erwähnt die Messung eine eher zu kleine als zu große Deuteriumhäufigkeit liefert, markiert der Wert von 4×10^{-28} Kilogramm pro Kubikmeter eine obere Grenze für die Baryonendichte im Universum. Denn wäre die Baryonendichte größer, so wäre entsprechend unseren vorausgegangenen Überlegungen mehr Helium entstanden und weniger Deuterium übrig geblieben.

Wie Deuterium sind auch die bei der primordialen Kernsynthese entstandenen Mengen an Helium, Lithium und des Helium-3-Isotops (zwei Protonen, ein Neutron im Kern) von der Baryonendichte im Universum abhängig, wenn auch nicht so stark. Zu berechnen ist diese Abhängigkeit relativ leicht. Die entsprechenden Häufigkeiten zu messen bereitet da schon mehr Probleme. Für Helium und Helium-3 hat man die besten Ergebnisse aus der Untersuchung metallarmer, heißer intergalaktischer Wasserstoffwolken gewonnen. Und die ursprüngliche Lithiumhäufigkeit lässt sich aus der Untersuchung heißer, sehr alter Sterne abschätzen, die vornehmlich in den Galaxienhalos zu finden sind. Vergleicht man wiederum die Mess-

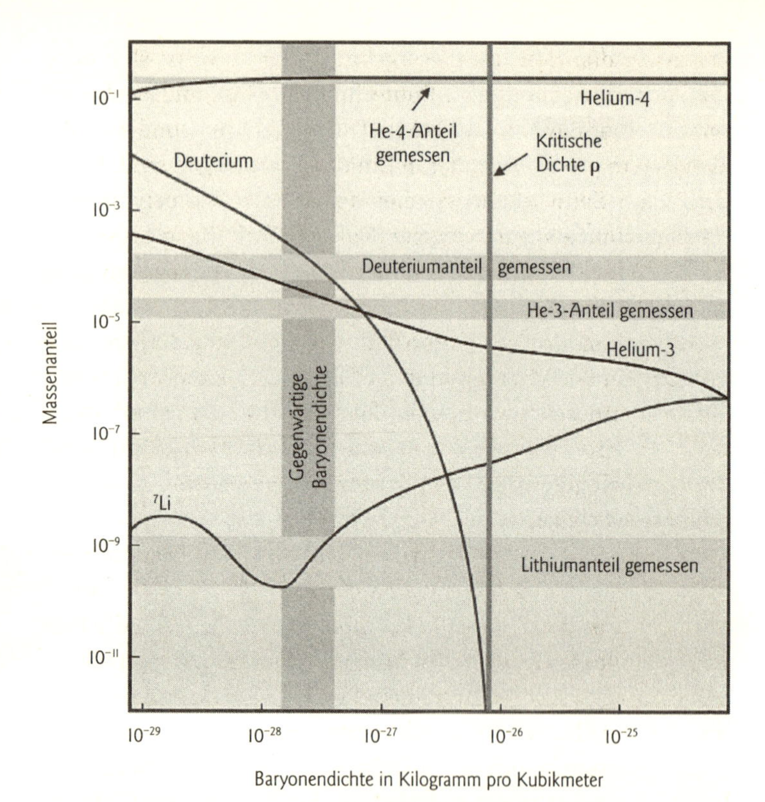

Abb. 15 Die Fusionsrate der ersten Elemente sowie insbesondere die des Wasserstoffisotops Deuterium, des Saatkerns für die Bildung von Helium, reagierte empfindlich auf die damalige Dichte der Baryonen, das heißt der Protonen und Neutronen, im Universum. Da die Gesetze der Elemententstehung bekannt sind, kann man in Abhängigkeit von der Materiedichte die Massenanteile der leichten Elemente und Isotope berechnen (ausgezogene Kurven). Der Bereich, in dem die heute gemessenen Anteile an Deuterium, Helium-3, Helium-4 und Lithium (horizontale Balken) mit den gemessenen Werten übereinstimmen, markiert die entsprechende Baryonendichte (senkrechter Balken). Man beachte, dass auf der horizontalen Skala nicht die damaligen Dichten aufgetragen sind, sondern die Werte, die sich aufgrund der Expansion des Universums heute eingestellt haben.

werte mit den Berechnungsergebnissen, so erweist sich auch hier, dass wie schon beim Deuterium Messung und Rechnung nur bei einer Baryonendichte im Universum von rund 4×10^{-28} Kilogramm pro Kubikmeter in Einklang zu bringen sind. In der Grafik auf Seite 54, in welcher der Verlauf der berechneten Häufigkeiten als ausgezogene Kurven und die gemessenen Häufigkeiten in Form horizontaler Balken wiedergegeben sind, ist das gut zu erkennen.

Als Ergebnis dieser Untersuchungen ist festzuhalten, dass im Rahmen der Messgenauigkeit für alle bei der primordialen Nukleosynthese entstandenen Elemente Rechnung und Messwert bei ein und derselben Baryonendichte ρ_B von rund 4×10^{-28} Kilogramm pro Kubikmeter übereinstimmen. Das tief gestellte »B« bei ρ_B soll wieder daran erinnern, dass es sich hier ausschließlich um die Dichte der baryonischen Materie handelt. Mit diesem Resultat waren die Kosmologen sehr zufrieden – zeigt es doch, dass die kosmologischen Modelle die Entwicklung des Universums richtig beschreiben und man die im frühen Universum ablaufenden Prozesse zur Strukturierung der Materie offensichtlich gut verstanden hat.

Nach diesem langen Anlauf können wir uns jetzt wieder dem Dichteparameter zuwenden und das Ergebnis der Häufigkeitsbestimmungen in unsere Überlegungen über die Dunkle Materie mit einbeziehen. So wie man einen Dichteparameter Ω_M, der das Verhältnis von Materiedichte ρ_M zu kritischer Dichte ρ_c im Universum angibt, definiert hat, lässt sich nun auch ein Dichteparameter Ω_B konstruieren, der das Verhältnis von baryonischer Materiedichte ρ_B zu kritischer Dichte wiedergibt. Mit dem für ρ_B gefundenen Wert 4×10^{-28} Kilogramm pro Kubikmeter und dem schon bekannten ρ_c von $9{,}7 \times 10^{-27}$ Kilogramm pro Kubikmeter erhält man für Ω_B einen Wert von rund 0,04.

Und jetzt kommt endlich der entscheidende Schritt: Ein Vergleich von Ω_B mit Ω_M – zur Erinnerung: für Ω_M wurde der Wert

0,3 ermittelt – liefert als überraschendes Ergebnis, dass Ω_B nicht einmal 15 Prozent von Ω_M ausmacht! Damit können wir unsere Behauptung, aus dem Wert von Ω_M lasse sich bereits etwas über das Wesen der Materie im Universum aussagen, endlich beweisen. Denn alles, was wir im Kosmos finden – Sterne, Galaxien, Staub- und Gaswolken, die Planeten unseres Sonnensystems und natürlich auch Lebewesen –, setzt sich zusammen aus Protonen und Neutronen, also aus Baryonen. Wenn aber Ω_B nur etwa 15 Prozent von Ω_M ausmacht, dann müssen rund 80 bis 90 Prozent der Materie nichtbaryonischer Natur sein! Nicht nur, dass wir den größten Teil der Materie im Kosmos nicht sehen können, jetzt stellt sich auch noch heraus, dass uns bis zu 90 Prozent der Materie ihrer Natur nach völlig unbekannt sind! Wir haben nicht den blassesten Schimmer, aus welcher Art von Teilchen sich diese Materie zusammensetzt, welche Eigenschaften diese Teilchen besitzen und wie sie sich verhalten! Diese Erkenntnis muss man zunächst einmal verdauen! Obwohl das Universum allem Anschein nach voll gestopft ist mit Objekten, darunter allein 10^{22} Sterne, wissen wir praktisch nichts vom überwiegenden Rest!

Baryonische Dunkle Materie

Bevor wir darangehen, uns über die ominöse nichtbaryonische Materie Gedanken zu machen, wenden wir uns nochmals der baryonischen Materie zu und fragen: Weiß man wenigstens über diese knapp 15 Prozent der Materie im Universum Bescheid, beziehungsweise ist den Wissenschaftlern klar, was sie da vor sich haben? Die Antwort lautet: Leider nein! Denn zählt man alles zusammen, was im Universum strahlt, was wirklich zu sehen ist – die Sterne und die leuchtenden Gaswolken in den Galaxien –, so kommt man auf einen Dichteparameter Ω_L

von nur 0,004! Hier deutet das tiefgestellte »L« auf die leuchtende Materie hin. Mit anderen Worten: Auch von der baryonischen, der uns wohl bekannten und vertrauten Materieform, zeigen sich nur etwa zehn Prozent! Der Rest ist unsichtbar, dunkel, Dunkle Materie eben. Mittlerweile glaubt man aber zu wissen, was es mit dem Rest auf sich hat, und hat einige Kandidaten anvisiert, die sich als Vertreter für baryonische Dunkle Materie eignen könnten.

Da sind zunächst die Schwarzen Löcher. Die kleinen, nur einige Sonnenmassen schweren Himmelsobjekte entstehen, wenn ein sehr massereicher Stern am Ende seines Lebens in einer Supernova explodiert und der dabei übrig bleibende Kern

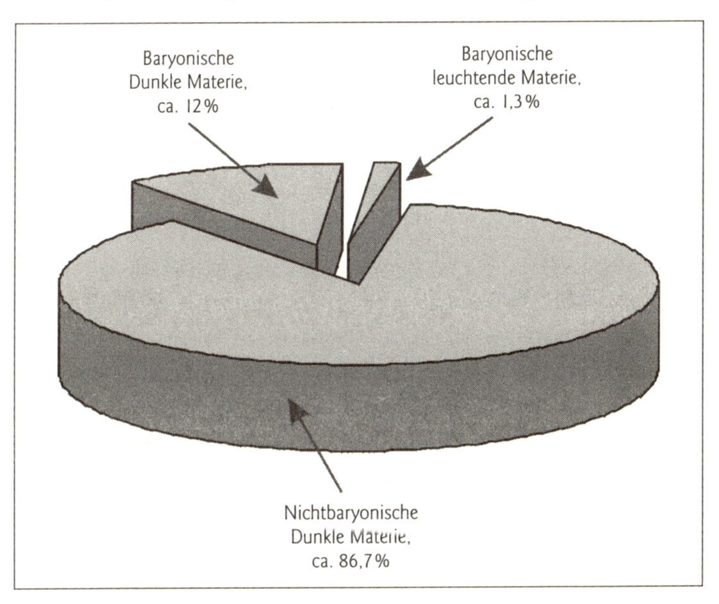

Abb. 16 Der Anteil der Materie im Universum beträgt lediglich rund 30 Prozent der kritischen Dichte. Nur etwas mehr als ein Prozent der Materie ist in Form von Sternen und Galaxien direkt sichtbar. Knapp 15 Prozent sind baryonischer Natur, und der überwiegende Rest besteht aus nichtbaryonischer Dunkler Materie, von deren Zusammensetzung wir keine Ahnung haben.

noch eine Masse von mehr als etwa 2,5 Sonnenmassen aufweist. Bei derart massereichen Überresten leistet die Schwerkraft ganze Arbeit. Selbst der zunächst sich herausbildende superkompakte Neutronenstern kann dem Gravitationsdruck nicht standhalten und kollabiert weiter zu einem stellaren Schwarzen Loch. Neben diesen eher bescheidenen Massenkonzentrationen gibt es im Universum aber auch supermassive Schwarze Löcher von mehreren hundert Millionen Sonnenmassen. Diese Schwergewichte sitzen vornehmlich in den Zentren von Galaxien. Wie sie zustande kommen, ist jedoch noch nicht eindeutig geklärt. Vielleicht sind sie das Ergebnis einer Verschmelzung mehrerer kleiner Schwarzer Löcher, oder sie haben sich im Lauf der Zeit die entsprechende Materie aus ihrer unmittelbaren Umgebung einverleibt. Würde man alle Schwarzen Löcher zusammenfassen, so könnte deren Masse etwas mehr als ein Prozent der baryonischen Dunklen Materie ausmachen.

Da sich mit Schwarzen Löchern allein die Menge baryonischer Dunkler Materie nicht erklären lässt, muss es noch andere Objekte geben, die zur Gesamtmasse der baryonischen Dunklen Materie beitragen. Die Kosmologen fassen sie unter dem Sammelbegriff »MACHOs« zusammen, wobei sich der Name von der englischen Wortkombination **Ma**ssive **C**ompact **H**alo **Ob**jects ableitet, also von massereichen nichtleuchtenden Körpern, die man in den Halos von Galaxien vermutet. Heiße MACHO-Kandidaten sind insbesondere kleine Sterne, so genannte Rote Zwerge, die so schwach leuchten, dass man sie in größerer Entfernung nicht mehr sehen kann. Es war ja schon die Rede davon, dass kleine Sterne weitaus häufiger sind als große. Die kleinsten, die noch in der Lage sind, Energie aus Kernfusionsprozessen zu gewinnen, haben eine Masse von knapp einem Zehntel der Sonnenmasse. Da die Leuchtkraft eines Sterns in etwa proportional zu seiner Masse hoch 3,5 wächst, geht von diesen Sternen eine Leuchtkraft aus, die etwa 10 000-mal kleiner ist als die unserer Sonne. In größerer Entfernung sind sie daher selbst mit guten Teleskopen nicht mehr ausfindig zu machen.

Aber auch Braune, Weiße sowie Schwarze Zwerge und dunkle Galaxien gehören zu den MACHO-Kandidaten. Sehen wir uns zunächst die Braunen Zwerge näher an. Sie sind noch kleiner als die kleinsten Sterne. Ja, man könnte sagen, dass sie die Verlierer im Reich der Sterne darstellen. Nach den Vorstellungen der Astronomen entstehen sie zwar wie Sterne, indem eine Gaswolke unter ihrer eigenen Schwerkraft zusammenbricht und sich zu einer heißen Gaskugel verdichtet, doch ist es ihnen nicht gelungen, die für einen Stern nötige Masse auf sich zu vereinigen. Auf der Massenskala rangieren Braune Zwerge im Bereich von etwa 0,01 bis etwa 0,08 Sonnenmassen, das heißt, sie sind etwa 15- bis 80-mal schwerer als der größte Planet in unserem Sonnensystem, der Jupiter. Unter diesen Verhältnissen sind Druck und Temperatur im Innern eines Braunen Zwerges zwar ausreichend hoch, um das Deuterium, das er aus der Wolke mitbekommen hat, zu verbrennen, doch für weitere Kernfusionsreaktionen reicht es nicht mehr. Nach Abschluss dieser Prozesse sind diese Objekte daher so kühl, dass sie, zumindest was den sichtbaren Bereich des elektromagnetischen Spektrums betrifft, nicht leuchten. Wenn die Vermutung einiger Forscher richtig ist, dass Braune Zwerge so häufig sind wie Sterne, dann könnten sie einen beträchtlichen Teil der baryonischen Dunklen Materie ausmachen.

Ähnlich wie Braune Zwerge dürfte auch eine große Anzahl Weißer Zwerge im Universum umherschwirren. Im Prinzip sind Weiße Zwerge nichts anderes als die Reste ausgebrannter Sterne, man könnte sie auch als Sternleichen bezeichnen. Denn Sterne mit einer Anfangsmasse von bis zu etwa acht Sonnenmassen blähen sich am Ende ihres Lebens zu einem gewaltigen Roten Riesen auf und werfen dabei nahezu ihre gesamte Gashülle ab. Da diese hell leuchtenden, oft kugelförmigen Gaswolken, die sich weit in den Raum hinaus ausdehnen, eine entfernte Ähnlichkeit mit einem Planeten haben, wurden diese Gebilde auch planetarische Nebel genannt. Im Zentrum dieser Objekte verbleibt ein »Weißer Zwerg«, ein mehrere zehntausend Kelvin heißer Ascherest aus Kohlenstoff und Sauerstoff mit einem Durchmesser von einigen tausend Kilometern und einer typischen Masse von etwa 0,6 Sonnenmassen bis zu einer Sonnenmasse. Solange die Weißen Zwerge noch sehr heiß sind, kann man sie gut erkennen. Da in ihnen jedoch keine Kernreaktionen mehr stattfinden, kühlen diese Körper mit der Zeit aus und werden so allmählich zu einem dunklen, kaum mehr leuchtenden, schwer zu entdeckenden Schwarzen Zwerg. Zur Menge der Weißen und Schwarzen Zwerge tragen sämtliche Sterne bis zu etwa acht Sonnenmassen bei, weil alle ihr Leben als Weiße Zwerge beenden. Es sollte demnach eine Unmenge dieser Sternleichen geben, vielleicht sogar ausreichend viele, um die fehlende baryonische Dunkle Materie zu erklären.

Es verbleibt noch ein Blick auf die Neutronensterne. Sterne mit einer Anfangsmasse von mehr als acht Sonnenmassen haben zwar eine insgesamt kürzere Lebenserwartung als massearme Sterne, sie durchlaufen in dieser Zeit jedoch mehr Brennphasen, bis die Fusionsprozesse letztlich zum Erliegen kommen. Auf das Heliumbrennen, mit dem die massearmen Sterne bereits ihre Existenz beenden, folgen bei ihnen noch das Kohlenstoff-, das Neon- und das Sauerstoffbrennen. Danach besteht der Kern des Sterns vorwiegend aus den Elementen Silicium und Schwefel. Mit Silicium als Reaktionsprodukt ist die letzte Brennphase erreicht. Das abschließende so genannte Siliciumbrennen, bei dem die schweren Elemente Eisen und Nickel erbrütet werden, dauert bei einem Stern von 20 Sonnenmassen nur noch wenige Stunden. Mit dem Siliciumbrennen bricht die Kernreaktionskette ab. Da Eisen von allen Elementen die größte Bindungsenergie pro Nukleon besitzt, wäre zur Fusion noch schwererer Elemente eine Energiezufuhr von außen nötig. Mit Eisen als Reaktionsprodukt verlischt daher das nukleare Feuer endgültig.

Zum Abschluss dieser Brennphasen ist der Kern eines anfänglich 20 Sonnenmassen schweren Sterns auf etwa 1,5 Sonnenmassen geschrumpft, wozu vor allem verlustreiche Sternwinde beigetragen haben. Nun regiert nur noch die Schwerkraft, die den Kern zusammenpresst. Dies führt zu Prozessen, in deren Folge eine Lawine Neutrinos freigesetzt wird, die den Stern nahezu ungehindert verlassen und auf diese Weise große Mengen an Energie abführen. Dadurch kühlt die Kernregion rasch ab, der Druck im Innern sinkt rapide, und die Schwerkraft presst den Kern noch weiter zusammen. Schließlich verschmelzen sogar Elektronen und Protonen zu einem superdichten Neutronenkern. Da nun auch der stabilisierende Druck der Elektronen wegfällt – der Druck entsteht, weil die Elektronen unterschiedliche Energieniveaus besetzen müssen und somit nicht beliebig eng zusammenrücken können –, bricht der Stern im Bruchteil einer Sekunde unter seiner eigenen Schwerkraft zusammen. Die in dieser Phase auf den Neutronenkern niederprasselnden äußeren Sternschichten verursachen gewaltige Druckwellen, die vom harten Kern zurückprallen und mit weiteren Neutrinos nach außen rasen. Dabei wird die Sternhülle derart aufgeheizt, dass sie in einer gigantischen Explosion zerrissen und weit in den Raum hinausgeschleudert wird. Die freigesetzte Energie ist so enorm, dass bereits ein Prozent davon den Sternrest für kurze Zeit heller leuchten lässt als eine gesamte Galaxie mit etwa 100 Milliarden Sternen. Astrophysiker nennen dieses das Dasein eines massereichen Sterns endgültig vernichtende Schauspiel recht nüchtern eine Supernova-Explosion vom Typ II.

Am Ende dieses spektakulären Vorgangs bleibt im Zentrum

der abgeworfenen Gashüllen ein nur einige zig Kilometer großer Neutronenstern übrig. Je nachdem, wie massereich der Stern am Anfang seines Lebens war, weist dieser exotische, fast nur aus Neutronen bestehende Stern eine Masse von 1,2 bis 2,5 Sonnenmassen auf. Die Materie ist dort so dicht gepackt, dass ein Kubikzentimeter davon ungefähr so viel wiegt wie alle Menschen dieser Erde.

Hat sich die als Supernova-Überrest bezeichnete leuchtende Gashülle schließlich im All verflüchtigt, so ist der verbliebene Neutronenstern nur noch schwer ausfindig zu machen – es sei denn, er hat sich zu einem »Pulsar« entwickelt. Pulsare sind wie Leuchttürme im Universum. In ihren starken magnetischen und elektrischen Feldern werden Elektronen fast auf Lichtgeschwindigkeit beschleunigt und auf spiralförmige Bahnen um die Magnetfelder gezwungen. Dabei kommt es zur Freisetzung von Radio- und Röntgenstrahlung, die in zwei engen Bündeln beiderseits des rotierenden Pulsars emittiert wird. Ist die Rotationsachse des Pulsars zufällig so im Raum orientiert, dass die Strahlungskeule bei jeder Umdrehung die Erde trifft, so kann man den Pulsar mit geeigneten Detektoren anhand der in kurzen Abständen empfangenen Radio- und Röntgenblitze lokalisieren. Verfehlt die Strahlungskeule die Erde jedoch, so ist der Pulsar stumm und hält sich dem Beobachter verborgen.

Von diesen Neutronensternen sollte es demnach im Universum erheblich mehr geben, als man bisher beobachtet hat. Sicher ist ihre Anzahl deutlich niedriger als die der Weißen, Braunen und Schwarzen Zwerge, denn nur die im Vergleich zu den massearmen Sternen viel selteneren Sterne mit mehr als acht Sonnenmassen enden in einem Neutronenstern. Wie groß daher der Beitrag ist, den die Neutronensterne zur Menge der baryonischen Dunklen Materie liefern, ist schwer abzuschätzen.

MACHO-Suche

Da man diese dunklen massiven Objekte nicht oder nur unter besonderen Umständen direkt sehen kann, stellt sich die Frage: Gibt es andere Möglichkeiten, MACHOs aufzuspüren, etwa in unserer Milchstraße? Eines der wichtigsten Verfahren beruht auf dem so genannten Gravitationslinseneffekt. Wie schon erwähnt, ist nach Einsteins Allgemeiner Relativitätstheorie der Raum durch die Anwesenheit einer Masse lokal gekrümmt. Wir haben zuvor bereits versucht, dies zu veranschaulichen, indem wir den Raum mit einem gespannten Gummituch verglichen, auf das eine Eisenkugel gelegt wird. Je größer und schwerer die Kugel, desto mehr wird das ursprünglich ebene Gummituch zu einem Trichter verformt. Geodäten, die kürzeste Verbindung zweier Punkte, sind in der gekrümmten Raumzeit daher keine geraden Linien, sondern durch die Raumkrümmung entsprechend verformt. Da Licht von einem Punkt zu einem anderen immer einer Geodäte folgt, wird es demnach in der Nähe eines massereichen Objekts von seinem geraden Weg abgelenkt und entsprechend der Krümmung des Raumes in einem Bogen um das Objekt herumgeführt.

Ein massereicher Körper zwischen einem Beobachter und einem Stern wirkt also wie eine Linse, die das Licht des Sterns, das unabgelenkt nicht zum Auge des Beobachters gelangen würde, in dessen Richtung bündelt und so den Stern leuchtkräftiger erscheinen lässt, als er in Wirklichkeit ist.

Auf diese Weise sollten sich MACHOs relativ leicht aufspüren lassen. Man muss ja nur einen weit entfernten Stern beobachten, beispielsweise einen in der Großen Magellan'schen Wolke, einer Nachbargalaxie unserer Milchstraße, und warten, bis ein MACHO die Sichtlinie Beobachter–Stern kreuzt. Aus der Helligkeitszunahme, die der Stern erfährt, während das

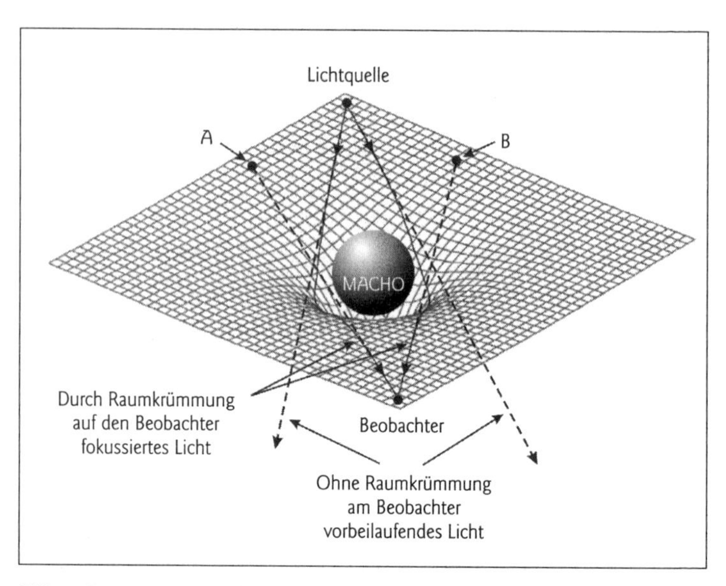

Abb. 17 Das von einer Quelle ausgehende Licht wird durch die von einem massereichen Objekt verursachte Raumkrümmung wie durch eine Linse fokussiert. In der dargestellten Situation kann der Beobachter den wahren Ort der Lichtquelle nicht sehen. Das Licht scheint von den Punkten A und B auszugehen.

MACHO die Sichtlinie passiert, kann man Masse und Größe des MACHOs abschätzen.

Im Prinzip funktioniert das tatsächlich so. In der Praxis hat die Sache jedoch einen Haken. Die Wahrscheinlichkeit, dass ein MACHO direkt die Sichtlinie quert und damit das Licht des Sterns maximal verstärkt, ist äußerst gering. Damit ein messbarer lichtverstärkender Effekt eintritt, sollte das MACHO vom Beobachter aus gesehen in einem Winkelabstand, der kleiner ist als ein Tausendstel Bogensekunden – das entspricht rund 3×10^{-7} Grad –, den Stern passieren. Um eine Ein-Euro-Münze unter diesem Winkel betrachten zu können, müsste man sie aus einer Entfernung von 5000 Kilometern anschauen. Mit anderen Worten: Der Spielraum für eine messbare Hellig-

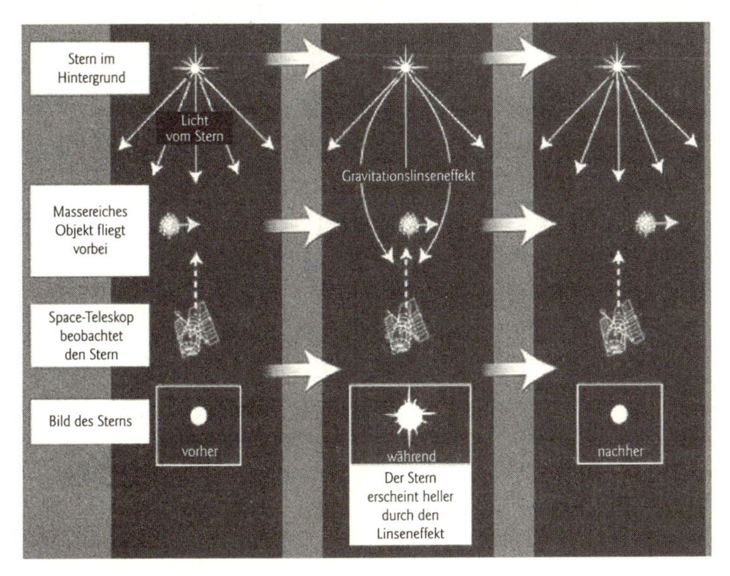

Abb. 18 Den Gravitationslinseneffekt kann man nutzen, um massive nichtleuchtende Objekte aufzuspüren. Da Masse den Raum krümmt, wird das Licht eines Hintergrundsterns durch die Raumkrümmung wie mit einer Linse in Richtung Beobachter fokussiert. Ein massives Objekt, das die Sichtlinie Beobachter–Stern kreuzt, lässt daher den Stern kurzfristig deutlich heller erscheinen, als er tatsächlich ist.

keitsänderung ist extrem klein. Die Wahrscheinlichkeit, dass ein MACHO in einem so geringen Winkelabstand an einem Stern vorbeizieht, liegt statistisch bei 10^{-7}! Es hat also wenig Sinn, nur einen einzelnen Stern zu beobachten und zu warten, bis sich diese Zufälligkeit vielleicht einmal ergibt. Für eine erfolgreiche Suche ist es daher besser, nicht nur einen ausgewählten Stern auf das Auftreten eines Gravitationslinsenereignisses zu überwachen, sondern Millionen Sterne gleichzeitig.

Wegen dieser Widrigkeiten hat man bei der Beobachtung der Sterne der Großen Magellan'schen Wolke in einem Zeitraum von drei Jahren nur etwa zehn Linsenereignisse registriert. Trotz dieser niedrigen Ereignisrate lässt das den Schluss zu, dass der Anteil der MACHOs an der Halomasse unserer Galaxis 30 bis 80 Prozent betragen könnte. Da die Massenbestimmung der entdeckten MACHOs aber mit einem großen Fehler behaftet ist, herrscht nach wie vor Unklarheit darüber, um was es sich da handelt. Sind es Braune oder Weiße Zwerge beziehungsweise andere, noch unbekannte Objekte? Angenommen, es wären Braune Zwerge, dann dürfte ihre Masse ein Zehntel der Sonnenmasse nicht übersteigen. Da aber der Winkel der Lichtablenkung umso kleiner ausfällt, je geringer die Masse des MACHOs ist, sind derart massearme Objekte aufgrund des Gravitationslinseneffektes wohl kaum zu erfassen. Sollten es aber Weiße, Rote Zwerge oder auch Neutronensterne sein, dann sollten sich in ihrer Umgebung auch die enormen Mengen an Gas aufspüren lassen, welche die sterbenden Sterne in den Raum hinausgeblasen haben. Doch davon ist ebenfalls nichts zu finden. Die Diskrepanz zwischen dem, was man erwartet, und dem, was man findet, ist nach wie vor nicht aufzulösen.

Nichtbaryonische Dunkle Materie

Wie sich gezeigt hat, sind von der Materie des Universums nur etwa 15 Prozent baryonischer Natur und davon wiederum ganze zehn Prozent in Form von leuchtendem Gas und Sternen sichtbar. Ergo müssen etwa 90 Prozent der Materie nichtbaryonisch sein. Mit diesen 90 Prozent wollen wir uns jetzt beschäftigen. Doch zunächst: Was ist so anders an der nichtbaryonischen Materie?

Alle Prozesse im Kosmos werden von vier fundamentalen Kräften beherrscht: der Gravitation, der elektromagnetischen Kraft sowie der starken und der schwachen Kernkraft. Reichweite, Stärke und eine selektive Wirkung auf die Teilchen der Materie charakterisieren die verschiedenen Kräfte. Ihre Wirkung entfalten die Fundamentalkräfte über so genannte Austauschteilchen, die mit den Materieteilchen in Wechselwirkung treten und die für jede Kraft verschieden sind. Bei der Gravitation spielen so genannte Gravitonen die Rolle der Austauschteilchen, bei der elektromagnetischen Kraft sind es die Photonen, bei der starken Kernkraft die so genannten Gluonen und bei der schwachen Kernkraft W- und Z-Bosonen. Auf die baryonische Materie wirken alle diese Kräfte. Dagegen gehorcht nichtbaryonische Materie nur der Gravitation und in geringem Umfang auch der schwachen Kernkraft.

Das hat weit reichende Konsequenzen. Zum einen ist nichtbaryonische Materie grundsätzlich unsichtbar, da Licht – oder besser gesagt: elektromagnetische Strahlung – nur über die elektromagnetische Kraft in Erscheinung tritt. Photonen, die Träger der Strahlungsenergie, wechselwirken nicht mit nichtbaryonischer Materie und können daher von ihr weder absorbiert noch emittiert werden. Zum anderen konnte die nichtbaryonische Materie wesentlich früher als die baryonische Materie zusammenklumpen. Das beruht darauf, dass die baryonische Materie bis 400 000 Jahre nach dem Urknall eng an die hochenergetischen Photonen des Universums gekoppelt war. Immer wenn sich ein Atomkern ein Elektron einfing, trennten die Photonen die Partner wieder, und der positiv geladene Kern wurde von den schnell beweglichen Elektronen mitgerissen – mit dem Ergebnis, dass durch Gravitation entstandene geringe Verdichtungen in der Materie relativ schnell wieder aufgelöst wurden. Die nichtbaryonische Materie war dagegen nie an die Photonen gekoppelt und konnte sich demzufolge leicht zusammenballen. Da schließlich auch die starke Kernkraft, die für den Zusammenhalt der Atomkerne verantwortlich ist, der nichtbaryonischen Materie nichts anhaben kann, bildeten sich aus dieser Form der Materie auch keine kernartigen Strukturen.

Baryonische und nichtbaryonische Materie können sich gegenseitig also nur über die Gravitation beeinflussen. Aus diesem Grund bezeichnet man die Konstituenten der nichtbaryonischen Materie auch als WIMPs (**W**eakly **I**nteracting **M**assive **P**articles), schwach wechselwirkende schwere Teilchen. Über die Art der Partikel, die sich hinter diesem Begriff verstecken, ist damit jedoch nichts ausgesagt. Vielleicht, so war die erste Vermutung, könnte es sich um Neutrinos handeln.

Neutrino-Wechselspiele

Neutrinos sind elektrisch neutrale Elementarteilchen. In der Teilchenphysik kennt man drei Arten von Neutrinos: Elektron-, Myon- und Tau-Neutrinos. Alle sind lange vor der primordialen Kernsynthese entstanden. In unserer Welt spielt jedoch nur das Elektron-Neutrino eine wesentliche Rolle. Es war schon im frühen Kosmos an der wechselseitigen Umwandlung von Protonen in Neutronen beteiligt, und es wird auch heute noch in großen Mengen bei Fusionsprozessen in den Sternen, insbesondere bei der Synthese von Helium aus Wasserstoff, frei. Auch beim natürlichen Zerfall radioaktiver Elemente und Isotope entstehen Neutrinos.

Wie die Photonen bilden auch die Neutrinos ein nahezu ideales Gas. Ihre Teilchenzahldichte, die mit der von Photonen vergleichbar ist, beträgt etwa 3×10^8 Teilchen pro Proton, was rund 100 Neutrinos pro Kubikzentimeter entspricht. Was Neutrinos besonders auszeichnet, ist, dass sie mit normaler Materie praktisch nicht in Wechselwirkung treten. Beispielsweise wäre eine etwa ein Lichtjahr dicke Bleimauer nötig, um sie zu stoppen. Oder anders gesagt: Die Wahrscheinlichkeit, dass während der gesamten Lebensdauer eines Menschen in seinem Körper auch nur ein Nukleon, also ein Proton oder Neutron, von einem Neutrino getroffen wird, ist trotz ihrer großen Zahl geringer als zehn Prozent. Mit anderen Worten: Der Wirkungsquerschnitt von Neutrinos ist extrem klein.

Nachdem lange Zeit umstritten war, ob Neutrinos auch eine Masse besitzen, ist man sich dessen mittlerweile ziemlich sicher. Aufgrund ihrer enormen Menge könnte da schon einiges an Masse zusammenkommen, vielleicht sogar so viel, dass sie die gesamte Dunkle Materie verkörpern und somit einen erheblichen Teil der Masse von Galaxienhaufen ausmachen. Angenommen, die Masse aller drei Neutrinoarten beträgt zusammen 100 eV/c^2, was nur einem Fünftausendstel der Masse eines Elektrons entspricht, so würde allein durch die Neutrinos die kritische Dichte ρ_c erreicht.

Wie groß die Masse der Neutrinos wirklich ist, darüber geben Experimente Auskunft, die 1998 in Japan an dem Neutrinodetektor Super-Kamiokande durchgeführt wurden, der in rund 600 Metern Tiefe unter dem Berg Ikena nahe der Stadt Kamioka betrieben wird. Im Wesentlichen besteht die Anlage aus einem Tank, der mit 50000 Tonnen extrem reinem Wasser gefüllt ist und um den herum 11146 lichtempfindliche Detektoren verteilt sind. Super-Kamiokande kann sowohl Elektron- und Myon- als auch Tau-Neutrinos registrieren, wobei jedoch die Empfindlichkeit für Elektron-Neutrinos am größten ist. Trifft eines dieser Teilchen auf einen Sauerstoffkern – Wasser besteht aus zwei Wasserstoffatomen und einem Sauerstoffatom –, so schnappt es sich eine Ladung und verwandelt sich in ein elektrisch positiv geladenes Myon oder in ein negatives Elektron. Diese Teilchen bewegen sich fast mit Lichtgeschwindigkeit einige Meter durch das Wasser und emittieren dabei so genanntes Cherenkov-Licht, das von den Detektoren empfangen wird.

Der Clou des Experiments: Super-Kamiokande registriert sowohl Neutrinos, die vom Himmel direkt auf die Anlage fallen, als auch die, die auf der entgegengesetzten Seite des Erdballs auftreffen. Beide entstehen beim Zusammenprall kosmischer Strahlung mit den Molekülen der Erdatmosphäre. Die Neutrinos haben also entweder einen sehr kurzen Weg zum Detektor zurückzulegen, wozu sie nur geringe Zeit brauchen, oder sie müssen vor ihrer Registrierung erst den ganzen Erdball durchqueren. Entsprechend den Theorien der Teilchenphysik sollten bei den Kollisionen der kosmischen Teilchen mit den Luftmolekülen etwa doppelt so viele Myon-Neutrinos wie Elektron-Neutrinos entstehen. Bisher wurden aber regelmäßig gleich viele Myon- und Elektron-Neutrinos gemessen. Mit dem Super-Kamiokande-Detektor gelang es nun, die Anzahl der Myon-Neutrinos, die den kurzen Weg zum Detektor zurücklegen, mit der Anzahl derjenigen zu vergleichen, die zunächst die Erde durchqueren mussten. Und siehe da: Auf dem Weg durch die Erde ging etwa die Hälfte der Myon-Neutrinos verloren, weil sie sich während ihrer langen Wanderschaft in eine andere Neutrinoart umwandelten. Die Physiker bezeichnen diese Eigenschaft der Neutrinos auch als Neutrinooszillation. Voraussetzung für die Umwandlung ist jedoch, dass Neutrinos eine Masse besitzen, und die konnte man nun anhand der unterschiedlichen Weglängen und der aufgezeichneten Neutrinoenergien abschätzen.

Nach allem, was man mit derartigen Experimenten bisher herausgefunden hat, beträgt die Masse der relevanten Elektron-Neutrinos anstatt der hypothetischen 100 eV/c^2 höchstens 1 eV/c^2. Damit dürften die Neutrinos nicht mehr als 2 Prozent der kritischen Dichte beziehungsweise etwa 8 Prozent der nichtbaryonischen Dunklen Materie stellen. Bei kritischer Betrachtung muss man allerdings zugestehen, dass diese Angaben bestenfalls eine vernünftige Abschätzung im Rahmen der Messgenauigkeiten darstellen. In der wissenschaftlichen Literatur findet man für den Neutrinodichteparameter Ω_n Werte zwischen 0,001 und 0,06 angegeben. Die Schwankungsbreite der Dichtebestimmung ist also ziemlich groß.

Neben dieser geringen Neutrinomasse gibt es noch einen anderen Grund, der dafür spricht, dass Neutrinos nicht die Hauptkomponente der nichtbaryonischen Materie sein können. Um das zu erklären, müssen wir etwas ausholen. Nach heutigem Verständnis wären ohne die Mitwirkung der nichtbaryonischen Materie weder Sterne noch Galaxien, noch sonstige Objekte entstanden. Folgt man den kosmologischen Modellen, so strukturierte sich das Universum, indem Regionen, in denen die Materie bereits etwas stärker konzentriert war als in der Umgebung, aufgrund der Expansion des Kosmos zu wachsen begannen. War schließlich ein Dichtekontrast – das ist das Verhältnis von Dichte des betrachteten Bereichs minus Dichte der Umgebung geteilt durch die Umgebungsdichte – größer als 1 erreicht, so zog die Gravitation dort immer mehr Materie in Form von Gas zu Wolken zusammen, die sich schließlich zu Sternen und später ganzen Galaxien zusammenballten.

Aus der Analyse der kosmischen Hintergrundstrahlung, einem den gesamten Kosmos gleichmäßig füllenden Strahlungssee mit einer Temperatur von 2,73 Kelvin – im Kapitel über die Dunkle Energie kommen wir darauf noch ausführlich zu sprechen –, weiß man, dass der Dichtekontrast der baryonischen Materie 400 000 Jahre nach dem Urknall nicht größer war als 1 zu 100 000 (10^{-5}). Seitdem hat sich das Universum um den Faktor 1100 ausgedehnt. Da nun der Dichtekontrast proportional mit der Expansion des Universums wächst, hätte er in der baryonischen Materie bis heute eigentlich nicht über einen Wert von 1100×10^{-5}, also etwa 10^{-2} beziehungsweise ein Hundertstel hinauswachsen dürfen. Das aber bedeutet: Hätte es sich so verhalten, dann wäre das Universum völlig strukturlos geblieben, ohne Galaxien und Sterne. Wie ein Blick hinauf zum Himmel zeigt, ist das aber eindeutig nicht der Fall. Wie ist dieses Dilemma aufzulösen?

Hier kommt uns die nichtbaryonische Materie zu Hilfe. Wir

haben ja bereits erwähnt, dass nichtbaryonische Materie, da sie nicht von den hochenergetischen Photonen des frühen Universums beeinflusst wurde, viel eher zusammenklumpen konnte als die baryonische Materie. Mit anderen Worten: 400 000 Jahre nach dem Urknall gab es bereits ausgeprägte Dichtefluktuationen in der nichtbaryonischen Materie. Als sich dann die baryonische Materie von der Strahlung befreit hatte, fiel sie sozusagen in die Gravitationssenken der nichtbaryonischen Materie und holte das an Dichte auf, was ihr die nichtbaryonische Materie voraushatte. Man kann das mit einer Straße voller tiefer Schlaglöcher vergleichen. Wenn es regnet, verteilt sich das Wasser zunächst gleichmäßig als dünner Wasserfilm auf dem Asphalt. Aber schon nach kurzer Zeit sammelt es sich in den Schlaglöchern zu Lachen. Den Schlaglöchern der Straße entsprechen in unserem Fall die Gravitationssenken der nichtbaryonischen Materie, während der Wasserfilm die ursprünglich nahezu homogen verteilte baryonische Materie wäre. Auf diese Weise konnten sich in der baryonischen Materie kurz nach ihrer Befreiung von den Strahlungsphotonen so hohe Dichtekontraste ausbilden, dass mit der Ausdehnung des Universums schließlich doch ein Dichtekontrast größer als 1 erreicht wurde. Ohne die Mitwirkung der nichtbaryonischen Materie wäre das nicht möglich gewesen. Dass es überhaupt etwas »Handfestes« im Universum gibt, haben wir nicht zuletzt der nichtbaryonischen Dunklen Materie zu verdanken.

Heiße Dunkle Materie

Gehen wir nun der Frage nach, ob das auch so funktioniert hätte, wenn sich die nichtbaryonische Materie aus Neutrinos zusammensetzen würde. Im Prinzip hätte es wohl geklappt, allerdings würde das Universum nicht so aussehen, wie es sich uns heute präsentiert. Das hängt damit zusammen, dass Neutrinos zur Klasse der heißen Dunklen Materie (englisch: **H**ot **D**ark **M**atter = HDM) gehören. »Heiß« bedeutet hier nicht hohe Temperatur, sondern es besagt, dass es sich um Teilchen geringer Masse handelt, die sich mit einer Geschwindigkeit bewegen, die gegen die Lichtgeschwindigkeit nicht mehr zu vernachlässigen ist. Für die großräumige Verteilung der Materie im Kosmos hat das erhebliche Konsequenzen. Stellen wir uns eine ebene Fläche vor, auf der eine dicke Schicht Neutrinos aufgeschüttet ist. An einigen Stellen, die unregelmäßig auf der Fläche verteilt sind, wäre die Materie etwas zusammengeklumpt, sodass die Neutrinos dort einen kleinen Haufen bilden würden. Das, was in den Haufen an Neutrinos zu viel wäre, fehlte natürlich an anderer Stelle, sodass sich dort Mulden in der Neutrinoschicht gebildet hätten. Was geschieht? Da die Neutrinos sehr beweglich sind, werden sich von den Haufen Teilchen wegbewegen und die Gruben wieder auffüllen. Erhalten bleiben nur solche Haufen, die ursprünglich sehr reich an Neutrinos waren, und solche, die so weit von einer der Mulden entfernt sind, dass die Zeit nicht ausreicht, um den weiten Weg zur nächsten Vertiefung zurückzulegen. Mit anderen Worten: Auf kleinen Skalen, wo Haufen und Mulden dicht beieinander stehen, ebnen sich die Dichteunterschiede ein, sie verschmieren, wogegen sie auf großen Skalen erhalten bleiben. Wachsen nun die Verdichtungen in der Materie aufgrund der Expansion des Universums, so werden jene als Erste einen Dichtekontrast größer als 1 erreichen, die am massereichsten und weit voneinander entfernt sind. Es werden also isolierte, relativ umfangreiche Massenkonzentrationen, so genannte Galaxiencluster oder Superhaufen, entstehen, die durch große Leerräume voneinander getrennt sind. Man bezeichnet das als »Top-down«-Entwicklung, das heißt, die Entwicklung verläuft von oben nach unten, von ganz großen, den Superhaufen, zu kleineren Strukturen, den einzelnen Galaxien.

Doch was man im Universum beobachtet, passt nicht mit den großräumigen Strukturen zusammen, die man erwarten würde, falls die Dunkle Materie hauptsächlich aus Neutrinos besteht. Vielmehr findet man ziemlich gleichmäßig verteilt viele einzelne Galaxien auf relativ kleinen Skalen, die bereits etwa ein bis zwei Milliarden Jahre nach dem Urknall entstanden. Die Bildung von Superhaufen aufgrund der gegenseitigen Anziehungskräfte zwischen den Galaxien hat dagegen erst viele Milliarden Jahre später begonnen. Man spricht daher auch von einer »Bottom-up«-Entwicklung, was so viel bedeutet wie »von unten nach oben«, beziehungsweise dass kleine Strukturen erst allmählich durch Verschmelzen zu immer größeren heranwachsen. Neutrinos als Hauptkomponente der nichtbaryonischen Materie scheiden vor allem auch deswegen aus, weil sie zu einem mit der Beobachtung nicht zu vereinbarenden Ergebnis führen würden.

Kalte Dunkle Materie

Was bleibt? Nun, wenn HDM nicht funktioniert, so könnte es vielleicht mit kalter Dunkler Materie (**C**old **D**ark **M**atter = CDM) klappen. Doch gibt es Teilchen, die man dieser Klasse zuordnen kann: Teilchen mit großer Masse, die sich relativ langsam, also höchstens mit ein paar Prozent der Lichtgeschwindigkeit bewegen? Ob es sie gibt, weiß man noch nicht – aber es wäre nicht auszuschließen! Nach den Theorien der Teilchenphysiker soll nämlich neben jedem Elementarteilchen der uns vertrauten Materie ein so genanntes SUSY-Teilchen, also ein supersymmetrisches, sehr schweres Teilchen, existieren. Zwecks Unterscheidung von der normalen Materie wur-

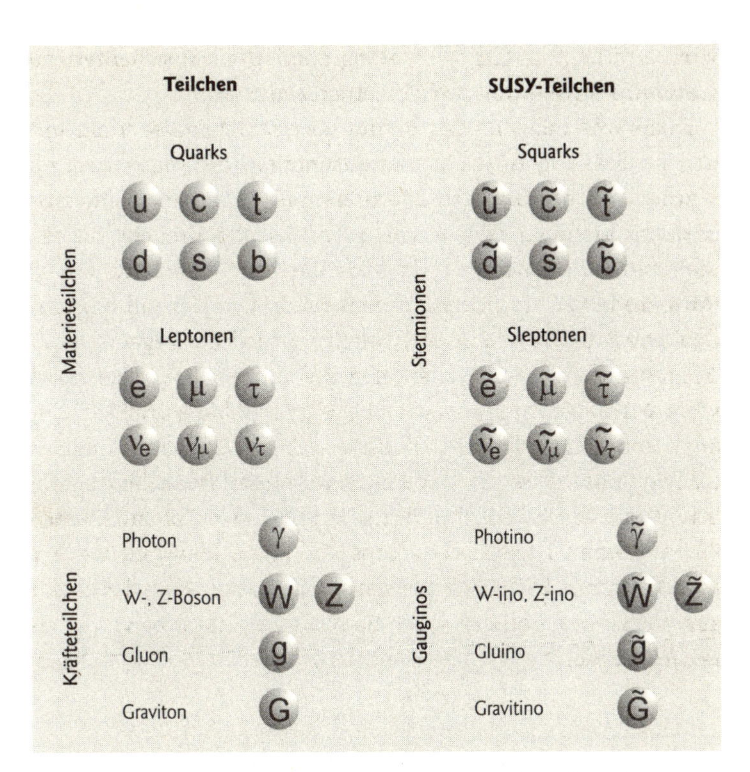

Abb. 19 Entsprechend den Theorien der Elementarteilchenphysiker soll zu jedem uns vertrauten Elementarteilchen ein Spiegelbild, ein so genanntes supersymmetrisches Teilchen, existieren, aus denen sich dann wiederum so exotische Teilchen wie beispielsweise Neutralinos zusammensetzen. Zur Unterscheidung kennzeichnet man die SUSY-Teilchen entweder mit einem vorangestellten »S« oder mit der nachgestellten Endung »ino«. Während die »normalen« Elementarteilchen relativ geringe Massen aufweisen, sind die SUSY-Teilchen außerordentlich schwer. Sie können daher nur im sehr frühen Universum entstanden sein, als Temperatur und Energiedichte noch unvorstellbar hoch waren. Bisher hat man jedoch noch keines dieser Teilchen entdeckt.

den SUSY-Teilchen mit der Endung »ino« versehen und heißen demnach beispielsweise statt Photon Photino, statt Neutron Neutralino, oder auch Wino, Zino und Gluino.

Diese Teilchen könnten im sehr frühen Universum entstanden sein, im Bruchteil der ersten Sekunde nach dem Urknall, als die Energiedichte des Kosmos noch enorm hoch war und die bereits erwähnten Fundamentalkräfte ununterscheidbar in einer einzigen Kraft, der so genannten supersymmetrischen Kraft, vereinigt waren. Da der Theorie zufolge die Lebensdauer dieser exotischen Teilchen sehr klein sein sollte, dürften die meisten nach kurzer Zeit bereits wieder zerfallen sein. Zuerst verschwanden die mit der größten Masse, weil diese Teilchen nur bei den höchsten Energiedichten entstehen. Mit wachsender Ausdehnung und Abkühlung des Universums nahm dann die Energiedichte stetig ab, und es verabschiedeten sich sukzessive immer leichtere Teilchen. In unserem relativ kalten Universum von niedriger Energiedichte dürften sich daher lediglich solche SUSY-Teilchen erhalten haben, deren Massen 100 GeV/c^2 – 1 GeV sind 1 Milliarde eV – nicht wesentlich übersteigen, was der Masse von 100 Protonen entspricht.

Neben diesen relativ schweren Teilchen könnte auch noch eine andere Klasse sehr leichter Teilchen, die so genannten Axionen, existieren. Axionen verdanken ihr »Dasein« ausschließlich den Theorien der Teilchenphysiker. Es muss sie einfach geben, sagen die Wissenschaftler, weil ohne sie gewisse Eigenschaften der starken Kernkraft nicht zu erklären sind. Die Masse des Axions soll jedoch nicht größer sein als etwa $10^{-4} eV/c^2$, entsprechend einem Zehnmilliardstel der Masse eines Elektrons. Obwohl diese Teilchen so leicht sind, darf man sie dennoch der Klasse der CDM zurechnen, weil sie sich, der Theorie entsprechend, trotz ihrer geringen Masse ausgesprochen langsam bewegen sollen.

Übrigens gab es in der Geschichte der Physik schon mal eine ähnliche Situation, in der ein Teilchen vorhergesagt wurde, das bis dahin niemand auf der Rechnung hatte. Das war 1930. Der Physiker Wolfgang Pauli erforschte damals den so genannten Beta-Zerfall, bei dem sich ein Neutron im Kern eines Atoms spontan in ein Proton umwandelt und ein Elektron ausgestoßen wird. Unerklärlich bei diesem Prozess war, warum die Elektronen unterschiedliche Bewegungsenergien aufwiesen und in den verschiedensten Richtungen davonflogen. Wenn man nicht zwei der grundlegenden physikalischen Erhaltungssätze über den Haufen werfen wollte, den Energie- und Impulserhaltungssatz, dann, so schloss Pauli, musste beim Beta-Zerfall noch ein weiteres neutrales Teilchen frei werden, das einen Teil der Energie und des Impulses davontrug. 1933 gab dann Enrico Fermi diesem Teilchen den Namen »Neutrino« und formulierte eine Theorie, anhand derer es möglich wurde, die gleichzeitige Emission eines Elektrons beim Beta-Zerfall zusammen mit einem Neutrino zu berechnen. Von da ab vergingen jedoch nochmals 22 Jahre, bis es den Physikern Clyde Cowan und Fred Reines mit ihren Experimenten am Savannah-River-Kernreaktor endlich gelang, die Existenz des Neutrinos zweifelsfrei zu bestätigen. Prinzipiell gibt es also keinen Grund, warum sich diese Geschichte mit den SUSY-Teilchen nicht wiederholen sollte.

Doch zurück zur kalten Dunklen Materie. Aufgrund ihrer eingeschränkten Beweglichkeit – soll heißen mit ihren geringen Geschwindigkeiten – gelingt es den CDM-Teilchen nicht, Dichteunterschiede auszugleichen, auch wenn diese relativ eng benachbart sind. Bei der Expansion des Kosmos wächst daher bevorzugt der Dichtekontrast auf kleinen Skalen, sodass sich zunächst viele einzelne Galaxien bilden sollten und erst später, infolge der gegenseitigen gravitativen Anziehung, die Galaxienhaufen. Die »Bottom-up«-Entstehungsgeschichte hätte sich also erfüllt. Doch leider ist auch das CDM-Modell nicht perfekt: Entgegen dem, was man beobachtet, erzeugt es nämlich zu viele kleine und zu wenig großräumige Strukturen, und insbesondere die beobachteten riesigen Leerräume im Kosmos können so nicht entstanden sein. Einige Kosmologen suchen daher die Lösung in einer Mischung aus heißer und kalter Dunkler Materie, die sie Mixed Dark Matter (MDM) nennen. Was dabei herauskommt, ist jedoch so komplex, dass wir es im Rahmen dieses Buches nicht mehr diskutieren können – nur so viel: Woraus sich die Materie zusammensetzen müsste, damit Theorie und Beobachtung übereinstimmen, ist nach wie vor unklar.

Nachdem nun einige recht exotische Teilchen als mögliche Anwärter für nichtbaryonische Dunkle Materie vorgestellt worden sind, stellt sich die Frage, welche der genannten Teilchen wohl am ehesten dafür infrage kommen könnten. Aussichtsreichster Kandidat für die kalte Dunkle Materie ist das Neutralino. Es ist stabil, elektrisch neutral und mit einer Masse, die zwischen 30 und etwa 1000 GeV/c^2 liegen soll, das leichteste unter den SUSY-Teilchen. Einer gewagten Hypothese zufolge sollen etwa 80 Prozent der Materie im Universum aus Neutralinos bestehen, also praktisch die gesamte Dunkle Materie. Man vermutet, dass insbesondere die Halomasse der Galaxien sowie ein großer Teil der Massen zwischen den Galaxien von Neutralinos gebildet werden. Sollte das stimmen, so müsste die Neutralinodichte im Universum bei etwa 3000 Teilchen pro Kubikmeter liegen. Dominik Elsässer und Karl Mannheim vom Institut für Theoretische Astrophysik der Universität Würzburg glauben sogar, einen indirekten Hinweis auf die Existenz von Neutralinos gefunden zu haben. Ihrer Meinung nach soll die erst kürzlich festgestellte Röntgenstrahlung, die aus Regionen jenseits unserer Galaxis auf uns zukommt, also der extragalaktische Gammastrahlenhintergrund, nicht nur von einer Population bisher noch nicht entdeckter Blazare herrühren – ein Blazar ist im Wesentlichen ein Schwarzes Loch, das aus einer es umkreisenden Staubscheibe Materie aufsaugt, wobei Röntgenstrahlung frei wird –, sondern insbesondere auch aus der gegenseitigen Zerstrahlung von Neutralinos und Antineutralinos stammen, welche die vermuteten Halos Dunkler Materie bilden.

Trotz aller Vermutungen und Hinweise ist es bisher jedoch nicht gelungen, Neutralinos noch irgendein anderes SUSY-Teilchen nachzuweisen. Das dürfte auch nicht weiter verwundern, denn entsprechend den Theorien der Teilchenphysiker sollen SUSY-Teilchen mit normaler Materie noch viel seltener in Wechselwirkung treten als Neutrinos. Ihr Wirkungsquerschnitt mit der uns bekannten Materie ist so gering, dass praktisch alle diese Teilchen den Erdball durchqueren können, ohne auch nur mit einem einzigen Atomkern zusammenzustoßen.

SUSY-Suche

Obwohl die Reaktionswahrscheinlichkeit zwischen SUSY-Teilchen und normaler Materie so außerordentlich gering ist, haben sich die Teilchenphysiker gleichwohl Experimente zu deren Nachweis ausgedacht. Alle beruhen auf der Hoffnung, dass sich hin und wieder doch ein Zusammenprall mit einem Atom normaler Materie ereignet. Wenn man bedenkt, dass auch in unserer Milchstraße der Raum zwischen den Sternen mit einem Neutralinogas angefüllt sein müsste und unsere Erde mit einer Geschwindigkeit von etwa 220 Kilometern pro Sekunde durch dieses Neutralinogas rast, dann sollte eine Fläche von einem Quadratmeter jede Sekunde etwa von einer Milliarde Neutralinos durchdrungen werden. Mittlerweile hat man die Wechselwirkung zwischen Neutralinos und normaler Materie genauer untersucht. Theoretisch könnten demnach pro Tag und Kilogramm normaler Materie zwischen 0,0001 und 0,1 Zusammenstöße passieren. Ereignisraten dieser Größenordnung stellen für die moderne Messtechnik eigentlich kein Hindernis dar. Das Problem liegt vielmehr beim Detektormaterial selbst und bei der kosmischen Strahlung, der die Erde fortwährend ausgesetzt ist. Bereits eine geringfügige Verunreinigung des Detektors mit radioaktiven Elementen führt nämlich dazu, dass die beim Zerfall frei werdende Gammastrahlung das erhoffte Signal einer Kollision zwischen einem Neutralino und einem Atomkern um das Millionenfache übertrifft. Kommen dann noch die Signale durch die Partikel der kosmischen Strahlung hinzu, so muss man nochmals einen Faktor von etwa einer Million hinzurechnen. Zuverlässige Messergebnisse lassen sich demnach nur mit ultrareinem Detektormaterial erzielen, das möglichst gut, am besten tief im Erdinnern, vor der störenden kosmischen Strahlung geschützt ist. Doch das ist leider ziemlich schwierig.

Eine der Methoden, die Wechselwirkung zwischen einem Neutralino und einem Atomkern nachzuweisen, beruht darauf, bei der Kollision die Auswirkungen des Rückstoßes auf den getroffenen Kern zu beobachten. Dazu kühlt man beispielsweise einen großen Kristall fast bis zum absoluten Temperaturnullpunkt ab, sodass sich die Atome, aus denen sich der Kristall zusammensetzt, praktisch nicht mehr bewegen. Wenn dann ein Neutralino auf einen Kern des Kristalls prallt, so wird dieser etwas aus seiner Ruhelage verschoben und beginnt im Kristallgitter zu schwingen. Das führt zu einer geringfügigen Erwärmung in der Nachbarschaft des Kerns, die man gut messen kann. Dieser Methode bedient man sich auch bei einem Experiment, das im Eis der Antarktis durchgeführt wird. Dort kommt man sogar ohne einen speziellen Kristall aus, da die dicke Eisschicht als Detektormaterial dient.

Mit einer anderen Technik zielt man auf die Elektronen im Kristall. Da der getroffene Kern aufgrund seiner ruckartigen Bewegung diese elektrisch geladenen Teilchen aus den benachbarten Atomen herausschlägt, fließt in dem Halbleiterdetektor ein schwacher, aber sehr gut messbarer Strom, der den Treffer eines Neutralinos anzeigt. Fangen sich die durch den Stoß ionisierten Atome anschließend wieder ein freies Elektron ein, so emittieren sie ein Photon, einen kleinen Lichtblitz, der wiederum mit lichtempfindlichen Detektoren, den Photomultipliern, gut zu beobachten ist.

Schließlich gibt es noch die Möglichkeit, Protonen oder Elektronen auf annähernde Lichtgeschwindigkeit zu beschleunigen und frontal aufeinander prallen zu lassen. Derartige Experimente laufen bei CERN in der Schweiz am Super-pp-Synchrotron sowie am HERA-Beschleuniger des Deutschen Elektronensynchrotrons DESY in Hamburg. In absehbarer Zeit soll bei CERN auch noch der LHC-Beschleuniger (Large Hadron Collider) in Betrieb genommen werden, mit dem die Reaktionspartner auf Energien bis zu acht Teraelektronenvolt (10^{12} eV) beschleunigt werden können. Bei der Kollision derart hochenergetischer Teilchen entstehen zwei keulenförmige Schwärme aus schweren Teilchen und Antiteilchen, so genannte Jets, die senkrecht zur Flugbahn der zusammenstoßenden Protonen in entgegengesetzte Richtungen davonstieben.

Ist in einem dieser Teilchenstrahlen zufällig ein Neutralino dabei, so trägt es einen Teil der ursprünglichen Teilchenimpulse davon. Aus Gründen der Impulserhaltung – Impuls kann zwar nicht verloren gehen, jedoch auf andere Teilchen übertragen werden – muss dieser Anteil im anderen Jet durch den Impuls eines oder mehrerer Teilchen kompensiert werden. Auf diese Weise könnte man das SUSY-Teilchen zumindest indirekt nachweisen.

Axionen lassen sich jedoch mit keinem der beschriebenen Verfahren ausfindig machen. Ihre Masse ist zu klein, um beispielsweise einen entsprechend großen Rückstoß beim getroffenen Atomkern zu verursachen. Nach der Theorie sollten Axionen jedoch in Anwesenheit eines starken magnetischen Feldes in zwei Gammaquanten zerfallen. Da Gammaquanten auf ihrem Weg durch ein Medium eine Vielzahl von Sekun-

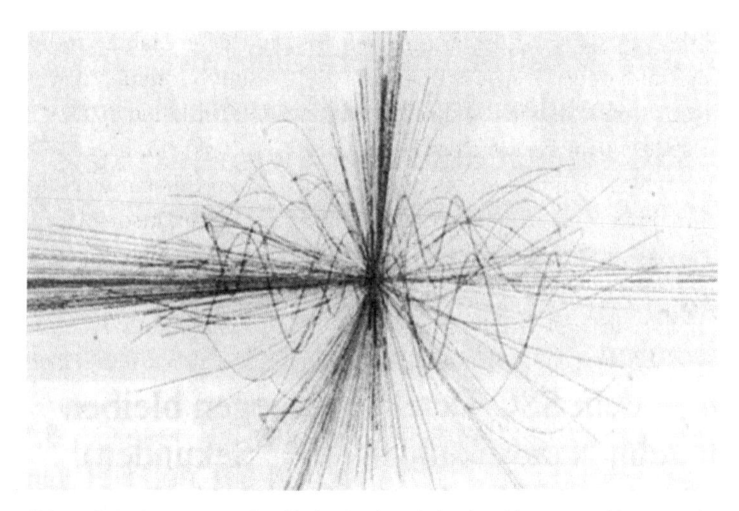

Abb. 20 Beim Zusammenprall auf hohe Geschwindigkeit beschleunigter Teilchen entsteht ein Schauer vieler anderer Teilchen. Die Abbildung zeigt das Ergebnis einer simulierten Kollision zweier hochenergetischer Protonen. Die Spuren und die Energie der neu entstandenen Teilchen kann man mithilfe spezieller Detektoren aufzeichnen und so die Teilchen identifizieren. Beschleunigt man die Kollisionspartner auf annähernde Lichtgeschwindigkeit, so sollte es gelingen, sogar die exotischen SUSY-Teilchen zu erzeugen. Allerdings braucht man dazu Energien, die zurzeit noch mit keinem Teilchenbeschleuniger erreichbar sind. Mit dem bei CERN in der Schweiz geplanten Large Hadron Collider (LHC), einem Beschleuniger für Protonen, hofft man jedoch, diesem Ziel näher zu kommen.

därteilchen erzeugen, die sich mit den unterschiedlichsten Teilchendetektoren der Hochenergiephysik gut nachweisen lassen, besteht auch für den Fall, dass sich die nichtbaryonische Dunkle Materie aus Axionen zusammensetzt, Aussicht, dass einmal die Beobachtung eines Axion-Durchgangs durch einen Detektor gelingt.

Leider – und darauf sei nochmals ausdrücklich hingewiesen – hat man es trotz intensivster Suche mit den raffiniertesten Methoden und empfindlichsten Detektoren bis heute nicht geschafft, auch nur eines der Teilchen aus der umfangreichen SUSY-Familie aufzuspüren. Neutralinos, Photinos, Axionen und wie sie sonst noch alle heißen, existieren bislang lediglich auf dem Papier. Sollten die Experimente jedoch irgendwann von Erfolg gekrönt sein und ein SUSY-Teilchen ans Licht bringen, so wäre die Kosmologie wohl endlich vom Makel der Unkenntnis über das Wesen der Dunklen Materie befreit. Wenn sich jedoch herausstellen sollte, dass es diese exotischen Teilchen gar nicht gibt, dann käme man nicht umhin, sich von einigen Theorien der modernen Physik verabschieden zu müssen und sie auf den Müllhaufen der Naturwissenschaften zu werfen.

Einspruch, Euer Ehren!

In den vorausgegangenen Abschnitten haben wir versucht, etwas Licht in die geheimnisvolle Welt der Dunklen Materie zu bringen. Ob das gelungen ist, mögen unsere Leserinnen und Leser beurteilen. Nach wie vor ist eben vieles Spekulation. Aber nicht selten erweisen sich ja Spekulationen im Nachhinein als zutreffend. Kann man denn wirklich sicher sein, die Naturgesetze richtig verstanden zu haben? Aus der Entwicklungsgeschichte der Physik hat man ja gelernt, dass selbst etablierte und jahrhundertelang vertretene Ansichten nicht gegen Umstürze gefeit sind. Denken wir an das ptolemäische Weltbild oder an Newtons Postulat, Zeit und Raum seien absolut – beides hat sich als falsch herausgestellt: Mit der kopernikanischen Revolution wurde die Erde aus dem Zentrum des Sonnensystems verbannt, und Einsteins Spezielle und Allgemeine Relativitätstheorie machen die Zeit zu einer relativen Größe und die Metrik des Raumes abhängig von den darin enthaltenen Massen. Gelegentlich führen neue Erkenntnisse sogar zu einem radikalen Umbruch im Weltbild der Physik. Über die Konsistenz des von Newton und Huygens erdachten Äthers, in dem sich das Licht ähnlich wie eine Welle im Wasser ausbreiten sollte, haben sich die Physiker lange Zeit erfolglos die Köpfe zerbrochen. Das Problem wurde noch gravierender, als Clerk Maxwell 1864 seine Theorie des Elektromagnetismus formulierte. Erst als die amerikanischen Physiker Michelson und Morley 1887 mit einem genialen Experiment nachweisen konnten, dass es den Äther gar nicht gibt, verschwand diese Chimäre ein für alle Mal im Orkus der physikalischen Absurditäten.

Doch die wohl größte Umwälzung in der Geschichte der Physik kündigte sich im Jahr 1900 an, als Max Planck seine Formel für die Strahlung eines schwarzen Körpers aufstellte. Das war die Geburtsstunde der Quantentheorie. Während Einsteins Allgemeine Relativitätstheorie (ART) die Vorgänge in der makroskopischen Welt beschreibt, spiegelt die Quantentheorie die Verhältnisse im Bereich atomarer und subatomarer Dimensionen wider. Auf großen Skalen lassen sich Ort und Geschwindigkeit eines Objekts zu einem bestimmten Zeitpunkt exakt bestimmen. In der Welt der Quanten kann man für diese Größen nur Wahrscheinlichkeiten angeben. Soll durch eine Messung beispielsweise die Geschwindigkeit eines Teilchens exakt bestimmt werden, so kann sein Aufenthaltsort nur mit einer gewissen Unschärfe angegeben werden. Wo in unserer unmittelbar erfahrbaren Welt stetig veränderliche Energiezustände erlaubt sind, gibt es in der Quantenmechanik nur diskrete Werte, die Teilchenenergie ändert sich sprunghaft.

Relativitätstheorie und Quantenmechanik sind jedoch scharf gegeneinander abgegrenzt. Im subatomaren Bereich führt die ART zu unsinnigen Ergebnissen, in der Welt des Großen machen sich die Folgen der Quantenmechanik nicht bemerkbar. Trotz aller Bemühungen ist es bisher nicht gelungen, beide Theorien miteinander zu versöhnen. Doch gerade weil die Quantenmechanik mit den Regeln und Gesetzen, die man aus der konventionellen Physik herleiten kann, radikal gebrochen hat, vermochte sie das bis dahin verschlossene Tor zum Verständnis der Vorgänge in der Welt der Atome aufzustoßen. Ähnlich könnte es sich auch mit den Hypothesen verhalten, die versuchen, die Vorgänge in unserem Universum zu erklären, ohne Dunkle Materie zu Hilfe nehmen zu müssen. Vielleicht bedarf es dazu ja wieder mal einer kleinen Revolution im Denkgebäude der Physik.

Warum wir das alles erwähnen? Nun, manchmal führt eben gerade der Gedanke an das anscheinend Undenkbare auf die richtige Spur. Selbst Einstein war davon überzeugt, dass es ganz ohne Intuition nicht geht. Er soll gesagt haben, wenn man gar nicht wider die Vernunft sündige, komme man zu überhaupt nichts.

MOND

Ansätze, die Kosmologie vom »Joch« der ihrem Wesen nach unerklärlichen Dunklen Materie zu befreien, gibt es einige. Am bekanntesten ist die MOND-Hypothese, deren Name sich von **Mo**dified **N**ewtonian **D**ynamics herleitet. Indem MOND ein bislang als unumstößlich geltendes Gesetz infrage stellt, macht es Dunkle Materie insgesamt überflüssig. Gemeint ist das zweite Newton'sche Gesetz: Die zur Beschleunigung eines Körpers auszuübende Kraft ist der Größe der Beschleunigung proportional. In den Physikbüchern findet man dieses Gesetz in Form der einfachen Gleichung $K = ma$, was in Worten heißt: Kraft K ist gleich Masse m mal Beschleunigung a. Als Proportionalitätskonstante fungiert hier die Masse des Körpers.

1983 stellte der theoretische Physiker Mordehai Milgrom die Hypothese auf, dass dieses Gesetz nicht für alle Werte der Beschleunigung gilt. Ist die Beschleunigung a größer als eine gewisse Elementarbeschleunigung a_0, so soll alles beim Alten bleiben. Ist sie jedoch kleiner als a_0, so soll die auszuübende

Kraft nicht mehr proportional zur Beschleunigung, sondern proportional zum Quadrat der Beschleunigung sein. Es soll also gelten $K = m(a^2/a_0)$, wobei a_0 eine Naturkonstante der Dimension einer Beschleunigung ist, die den Wert $1{,}2 \times 10^{-10}$ m/s² hat.

Was bedeutet das nun für eine Spiralgalaxie? Betrachten wir die Masse M innerhalb einer Kugel vom Radius r, deren Mittelpunkt mit dem Zentrum der Galaxie zusammenfallen soll. Wie wir schon wissen, nimmt mit wachsendem Kugelradius die leuchtende Masse in Form von Sternen und Gas rasch ab. Macht man also r immer größer, so kommt zur von der jeweiligen Kugel eingeschlossenen leuchtenden Materie immer weniger leuchtende Masse hinzu. Letztlich ändert sich die Menge an leuchtender Masse praktisch nicht mehr, obwohl die Kugel immer größer wird. Im Newton'schen Gravitationsgesetz $K = m(GM)/r^2$, dem wir schon im Zusammenhang mit dem um die Erde kreisenden Astronauten begegnet sind, wird demnach der Term $(GM)/r^2$, der eine Beschleunigung darstellt, immer kleiner, weil r^2 viel schneller wächst als M. Schließlich sinkt die Beschleunigung auf einen Wert, der kleiner als a_0 ist. In welchem Abstand vom Zentrum, das heißt bei welchem Radius r, den wir mal r_{a_0} nennen wollen, dieser Fall eintritt, hängt von der Masse der Galaxie ab. Für eine typische Spiralgalaxie ist r_{a_0} einige zehntausend Lichtjahre groß. Innerhalb dieses Radius gilt das Newton'sche Gravitationsgesetz unverändert.

Jenseits von r_{a_0} ändern sich jedoch die Verhältnisse. Dort geht der Newton'sche Beschleunigungsterm $(GM)/r^2$ in Milgroms Term a^2/a_0 über. Setzt man beide Ausdrücke einander gleich, so erhält man nach einer einfachen Umformung für die Beschleunigung a die Beziehung: $a = (GMa_0)^{1/2}/r$ und für das modifizierte Newton'sche Gravitationsgesetz den Ausdruck $K = m(GMa_0)^{1/2}/r$. Jenseits von r_{a_0} wird demnach die gleiche Gravitationskraft mit einer kleineren anziehenden Masse erreicht. Ist innerhalb von r_{a_0} eine Masse M nötig, so braucht man außerhalb von r_{a_0} nur noch eine Masse entsprechend der Wurzel aus M. Und da außerdem die Gravitationskraft K nicht mehr proportional zum Abstand r im Quadrat abnimmt, sondern nur noch linear mit r, ist trotz der verringerten Masse die wirksame Gravitationskraft größer als innerhalb von r_{a_0}. Mit anderen Worten: Man kann auf einen Teil der anziehenden Masse verzichten und erhält dennoch eine Gravitationskraft, die ausreicht, um beispielsweise einen Stern schwerkraftmäßig an eine Galaxie zu binden.

Bleibt noch aufzuzeigen, wie sich Milgroms modifiziertes Kraftgesetz auf die Rotationsgeschwindigkeit einer Galaxie jenseits von r_{a_0} auswirkt. Dazu erinnern wir uns an den Astronauten, der auf einer Kreisbahn die Erde umrundet. Als Bedingung dafür, dass die Bahn stabil ist, hatten wir festgestellt, dass ein »Gleichgewicht« herrschen muss zwischen dem Quadrat der Bahngeschwindigkeit v und der Masse M, dividiert durch den Bahnradius r. Als Gleichung geschrieben hieß das: $v^2 = (GM)/r$. Der Ausdruck rechts vom Gleichheitszeichen ist nichts anderes als der mit dem Radius r multiplizierte Beschleunigungsterm des Newton'schen Gravitationsgesetzes. Solange r kleiner ist als r_{a_0}, gilt diese Beziehung.

Jenseits von r_{a_0} tritt jedoch an die Stelle von Newtons Beschleunigungsterm die von Milgrom postulierte Beschleunigung $a = (GMa_0)^{1/2}/r$. Setzt man nun den mit r multiplizierten Milgrom'schen Ausdruck für die Beschleunigung gleich v^2, so fuhrt das zu der Gleichung $v^2 = (GMa_0)^{1/2}$.

Da auf der rechten Seite dieser Beziehung nur noch Konstanten stehen, ist folglich auch v eine Konstante. Das heißt jedoch: Jenseits von r_{a_0} nimmt die Bahngeschwindigkeit mit wachsendem r nicht mehr ab, sondern sie bleibt im Einklang mit den Beobachtungen unverändert groß! Bei der Betrachtung der Spiralgalaxien zu Beginn unserer Ausführungen mussten wir zusätzlich zur sichtbaren Masse der Galaxie einen erheblichen Anteil Dunkler Materie fordern, um dieses Ergebnis zu erhalten. Jetzt, mit dem modifizierten Newton'schen Gesetz, ergibt sich dieses Rotationsverhalten ganz ohne Dunkle Materie. Wie es scheint, kann man also mit MOND auf Dunkle Materie verzichten.

Eine genaue Analyse zeigt schließlich, dass man mit der MOND-Hypothese das Rotationsverhalten von Spiralgalaxien sogar besser erklären kann als mit Dunkler Materie. MOND funktioniert auch gut, wenn es darum geht, die Dynamik von Kugelsternhaufen sowie von großen und kleinen Galaxienhaufen allein anhand der Masse zu beschreiben, die sich aus ihrer jeweiligen Leuchtkraft ableiten lässt. In den Zentren sehr großer Galaxienhaufen versagt jedoch diese Theorie. Hier gelingt es der MOND-Hypothese nicht, den postulierten Anteil an Dunkler Materie wegzuerklären.

Gibt es eine Möglichkeit, die Allgemeingültigkeit der MOND-Hypothese zu testen? Im Prinzip ja, doch in der Praxis erweist sich das als ziemlich schwierig. Denn alle Experimente, die man auf der Erde oder sonstwo im Sonnensystem durchführen könnte, unterliegen der Gravitationsbeschleunigung der Sonne, und die ist viel größer als a_0. Somit verbleiben zunächst nur die Daten, die man aus der Beobachtung weit entfernter Galaxien bezieht. Doch die lassen sich sowohl mit MOND als auch mit Dunkler Materie hinreichend gut erklären. Im Prinzip befänden wir uns also in einer Pattsituation. Für einen aussagekräftigen Test bräuchte man einen Satelliten, der die Sonne in einem Abstand umkreist, in dem die Gravitationsbeschleunigung kleiner als a_0 ist. Um den Satelliten könnte man dann einen Probekörper auf eine Kreisbahn schicken und seine Bahngeschwindigkeit in Abhängigkeit von seiner Entfernung zum Satelliten messen. Doch wie weit müsste dieser von der

Sonne weg sein? Eine kleine Rechnung ergibt, dass a_0 erst in einer Entfernung von etwa 10^{12} Kilometern zur Sonne erreicht ist. Das bedeutet rund 6700-mal die Entfernung Erde–Sonne oder rund 170-mal die Entfernung zwischen der Sonne und Pluto, dem äußersten Planeten unseres Sonnensystems. Ob angesichts dieser Entfernung ein derartiges Experiment in absehbarer Zeit gestartet werden kann, erscheint äußerst fragwürdig.

Gleichwohl ist es doch verwunderlich, wie gut Milgroms neue Formel insgesamt passt. Bei näherem Hinsehen hält sich die Überraschung jedoch in Grenzen. Denn MOND wurde ja speziell zu dem Zweck entwickelt, das eigenartige Rotationsverhalten von Spiralgalaxien zu erklären. Der Wert der Konstante a_0 ist ja auch nicht als neue Naturkonstante vom Himmel gefallen, vielmehr hat ihn Milgrom aus den beobachteten Massen und Rotationsgeschwindigkeiten von Spiralgalaxien abgeleitet. Genau betrachtet ist Milgroms Hypothese demnach keine Theorie im herkömmlichen Sinne. Sie wurde nicht auf der Grundlage fundamentaler physikalischer Prinzipien wie beispielsweise der Energieerhaltung aufgestellt, sondern ausschließlich zur phänomenologischen Beschreibung der Dynamik beschleunigter Massen, ohne sich dabei besonders um eine physikalische Rechtfertigung zu bemühen.

Und dann gibt es da noch ein Problem. Nichtbaryonische Dunkle Materie, so haben wir erfahren, ist nach heutiger Ansicht unverzichtbar für die Strukturbildung im Kosmos. MOND kann jedoch nicht erklären, wie es die bereits erwähnten schwachen Dichteunterschiede in der kosmischen Hintergrundstrahlung geschafft haben sollen, sich ohne die Hilfe Dunkler Materie zu Galaxien zu entwickeln. Insbesondere dieser Aspekt ist ein wesentliches Argument dafür, dass MOND keine universell tragfähige Theorie darstellt.

Ausblick

Kehren wir abschließend nochmals zum Dichteparameter Ω zurück. Wir haben erfahren, dass Ω_M, das Verhältnis der Materiedichte im Universum zur kritischen Dichte, ungefähr gleich 0,3 ist. Und wir hatten uns kurz überlegt, wie ein Universum aussieht, bei dem Ω gleich 1 beziehungsweise größer oder kleiner als 1 ist. Außerdem hatten wir schon erwähnt, dass sich Ω aus den Komponenten Ω_M, Ω_{St}, und Ω_Λ zusammensetzt. Von einem Ω_Λ wusste man zum Zeitpunkt der Diskussion über Dunkle Materie noch nichts, und für das Ω_{St}, also das Verhältnis von Strahlungsdichte zu kritischer Dichte, hatte man einen im Verhältnis zu Ω_M vernachlässigbar kleinen Wert von etwa $1{,}3 \times 10^{-5}$ gefunden. Demnach durfte man Ω gleich Ω_M gleich 0,3 setzen. Mit diesem Wert für Ω sollte unser Universum offen beziehungsweise hyperbolisch gekrümmt sein. In der Kosmologie wurde dieses Ergebnis mit einiger Skepsis aufgenommen, denn insgeheim hatte man doch auf ein Ω gleich 1 gehofft. Aber die Datenlage war ziemlich eindeutig und am Ergebnis nicht zu rütteln – noch nicht!

Mittlerweile haben die Kosmologen die kosmische Hintergrundstrahlung genauer analysiert und herausgefunden, dass Ω nicht 0,3, sondern doch 1 sein muss. Zu diesem $\Omega = 1$ liefert das Ω_M einen Beitrag von nur rund 30 Prozent! Demnach soll unser Universum zu 70 Prozent aus einem »Stoff« bestehen, der nichts mit Materie zu tun hat – aus etwas, das noch viel rätselhafter zu sein scheint als die Dunkle Materie. In Ermangelung besseren Wissens haben die Kosmologen diesen »Stoff« mit der Bezeichnung »Dunkle Energie« versehen. Was sich hinter diesem kryptischen Begriff im Einzelnen verbirgt, darüber gehen die Meinungen der Forscher weit auseinander. Das nächste Kapitel versucht, das Geheimnis annäherungsweise zu lüften.

III.
Dunkle Energie

Früher war alles einfacher! Immer wieder ist dieser Satz Ausgangspunkt heißer Debatten. Meistens stellt sich dieses Gefühl ein, wenn die Sprache auf neueste Errungenschaften in Wissenschaft und Technik kommt – und je weniger man von einer Sache versteht, desto eher ist man geneigt, dieser Behauptung zuzustimmen. Bei genauerer Betrachtung scheint jedoch eher das Gegenteil der Fall zu sein. Gerade der Fortschritt auf dem Gebiet der Technik hat das tägliche Leben doch sehr erleichtert. Feuer zu machen ist heute mit Sicherheit weniger aufwendig als zu Zeiten, da die Menschen noch hinter dem Mammut herjagten. Allerdings, auch das ist unbestritten, haben sich die Dinge auf vielen Feldern der Naturwissenschaften im Laufe der Zeit zweifellos verkompliziert. Einfache Modelle zur Beschreibung der Natur, die zunächst vernünftig und plausibel erschienen, erwiesen sich später als falsch. Oft musste man erkennen, dass die Zusammenhänge doch wesentlich komplexer sind als ursprünglich vermutet. Das gilt nicht zuletzt auch für die Kosmologie, den Zweig der Astronomie, der sich mit der Entstehung und Entwicklung des Universums beschäftigt.

Vor etwa 75 Jahren, also vor gar nicht mal so langer Zeit, waren die Theorien zur Entwicklung des Universums in der Tat noch leichter zu verstehen. Unter der Annahme, dass das kosmologische Prinzip gilt, das heißt, dass das Universum räumlich homogen und isotrop sei, dass also das Universum in jedem Punkt und in jeder Richtung gleich aussehe, hatten der russische Mathematiker Alexander Friedmann und der belgische Astronom und katholische Geistliche Georges Lemaître mehrere Gleichungen als Lösung der Einstein'schen Feldgleichungen zur Allgemeinen Relativitätstheorie gefunden. Diese so genannten Friedmann-Lemaître-Gleichungen, kurz FL-Gleichungen, beschreiben die Dynamik und Geometrie des Universums (siehe Anhang A2). In diesen Gleichungen spielt die von Einstein eingeführte »kosmologische Konstante« Λ eine wichtige Rolle. Die Größe kam ins Spiel, als Einstein feststellte, dass seine Gleichungen ein sich zusammenziehendes Universum voraussagten. Da er jedoch fest von einem statischen Universum überzeugt war, sollte dieses Λ als abstoßender Term die Kontraktion des Universums exakt kompensieren. Als jedoch der amerikanische Astronom Edwin Hubble 1929 aufgrund seiner Beobachtungen den Nachweis erbringen konnte, dass das Universum nicht statisch ist, sondern expandiert, war dieses ominöse, von seiner Art her unbekannte Λ nicht mehr nötig, und Einstein ließ diesen Term notgedrungen wieder fallen. Konsequenterweise konnte man nun auch in den FL-Gleichungen das Λ weglassen. Damit hatte man ein vereinfachtes Gleichungssystem erhalten, das man auch als das Standardmodell des Universums bezeichnet. In Übereinstimmung mit den damaligen Beobachtungen konnte es die Entwicklung des Kosmos hinreichend gut beschreiben. In diesem Modell hängen Größenänderung und Alter des Kosmos nur noch von zwei im Prinzip messbaren Werten ab: nämlich von der mittleren Energiedichte ε des Universums und der Hubble-Konstante H, die ein Maß für die Expansionsrate des Kosmos ist. Da es anscheinend nun nur zweier Zahlenwerte bedurfte, um das Verhalten und das Alter des Universums eindeutig festzulegen, hat man die Kosmologie damals scherzhaft auch als die »Wissenschaft von den zwei Zahlen« bezeichnet. Mit anderen Worten: Einfacher geht es kaum noch!

Gleichungen – Lösungen

Kommen wir zunächst auf die Bedeutung der FL-Gleichungen zu sprechen. Im Abschnitt über die Dunkle Materie haben wir uns bereits damit beschäftigt, wie die Massendichte – man erhält sie, indem man die Energiedichte durch das Quadrat der Lichtgeschwindigkeit teilt – die Struktur und Entwicklung des Universums beeinflusst und was man unter einem flachen, das heißt nicht gekrümmten, einem offenen oder negativ gekrümmten und einem geschlossenen beziehungsweise positiv gekrümmten Universum zu verstehen hat. Wir haben auch erwähnt, dass der Wert des Dichteparameters Ω, also das Verhältnis von der mittleren Massendichte im Universum zur kritischen Dichte ρ_c, angibt, mit welchem Typ von Universum man es zu tun hat, und dass die Dichte in einem flachen Universum exakt gleich der kritischen Dichte ρ_c ist. Im Zusammenhang mit den Friedmann-Gleichungen wollen wir darauf jetzt nochmals eingehen. Dass dabei schon mal Besprochenes wieder auftaucht, schadet sicher nicht.

Aus den FL-Gleichungen und ihren Lösungen kann man die Krümmung des Universums, die wir mit k benennen wollen, unmittelbar ablesen. Mit etwas Mathematik lassen sich diese Gleichungen in einen Ausdruck überführen, in dem die Krümmung – bei einem Λ gleich null – nur noch vom Dichteparameter Ω abhängt. Ist die Größe Ω bekannt, so weiß man sofort über das Vorzeichen von k Bescheid. Für Ω größer 1 wird k positiv, das heißt, das Universum ist sphärisch gekrümmt oder, wie man auch sagt, geschlossen. Ein Ω kleiner als 1 führt zu einem negativen Vorzeichen von k beziehungsweise zu einem offenen Universum mit hyperbolischer Krümmung. Zwischen positiver und negativer Krümmung liegt der Fall $k = 0$. Er tritt ein, wenn Ω gleich 1 ist. Ein Universum mit $k = 0$ hat keine

Krümmung und wird als flach bezeichnet. Wie man sich die verschiedenen Krümmungen des Raumes vorzustellen hat, haben wir im Kapitel über die Dunkle Materie auch schon erfahren. Da nur diese drei Möglichkeiten der Krümmung vorkommen, macht man sich die Sache üblicherweise etwas einfacher und normiert gewisse Variablen so, dass k nur die drei Werte –1, 0 und +1 annehmen kann. Dann entspricht $k = -1$ einem offenen, $k = 0$ einem flachen und $k = +1$ einem geschlossenen Universum. Im Folgenden werden wir nur noch diese Werte für k benutzen.

Aus den Lösungen der FL-Gleichungen für $k = 0$, $k = -1$ und $k = +1$ kann man nun entnehmen, wie sich die Größe R des Universums mit der Zeit t ändert. Ist $k = 0$, so wächst R langsamer als linear mit t, die Expansion wird also gebremst. Der Hubble-Parameter H(t), das Maß für die Größenänderung des Universums, ist in einem flachen Universum – Krümmung gleich null und Ω gleich 1 – gleich 2/3, geteilt durch die Zeit t. Demnach wird mit wachsendem t der Hubble-Parameter H(t) immer kleiner. Schließlich wird er gleich null, wenn man für t eine unendlich lange Zeit einsetzt. Anders ausgedrückt heißt das: Die Ausdehnung eines flachen Universums mit wachsender Zeit schreitet zwar immer langsamer voran, kommt aber erst nach unendlich langer Zeit endgültig zum Stillstand.

In einem offenen Universum mit $k = -1$ ist der Hubble-Parameter zu allen Zeiten größer als null und auch größer als der Hubble-Parameter eines flachen Universums. Entsprechend dehnt sich ein offenes Universum in alle Ewigkeit immer weiter aus, und zwar noch schneller als ein flaches Universum.

Ein geschlossenes Universum mit $k = +1$ verhält sich ganz anders. Seine Expansion ist so stark gebremst, dass die Ausdehnung nach einer endlichen Zeit ganz zum Stillstand kommt. In diesem Augenblick hat das Universum seine maximale Größe erreicht. Wie viel Zeit bis dahin vergeht bezie-

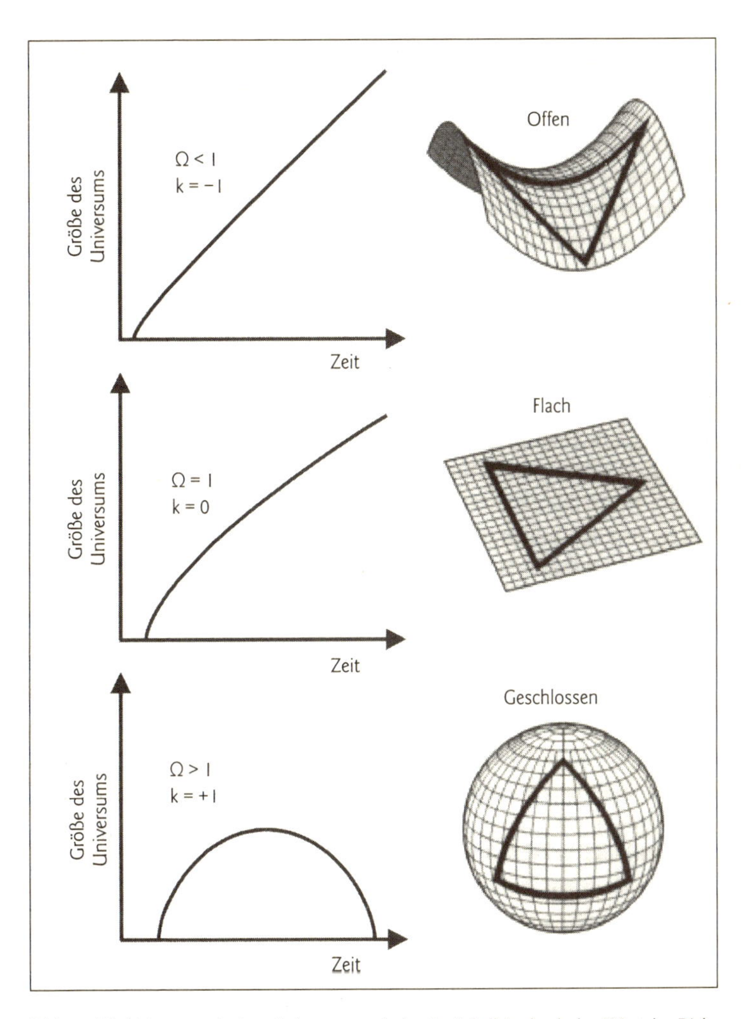

Abb. 21 Die Krümmung k eines Universums mit $\Lambda = 0$ wird allein durch den Wert des Dichteparameters Ω der Materie bestimmt. Ist Ω gleich 1, so wird k gleich null, und das Universum ist flach. Für Ω kleiner beziehungsweise größer als 1 wird k gleich −1 beziehungsweise +1, was einem offenen beziehungsweise geschlossenen Universum entspricht. Während sich ein offenes Universum immer weiter ausdehnt, kommt die Expansion bei einem flachen Universum nach unendlich langer Zeit zum Stillstand. Ein geschlossenes Universum wächst dagegen zunächst und schrumpft dann wieder auf einen Punkt zusammen.

hungsweise zu welcher maximalen Größe das Universum heranwächst, hängt im Wesentlichen von der Materiedichte ab. Anschließend beginnt das Universum wieder zu schrumpfen, um sich schließlich in einem »Big Crunch« auf die Größe eines Punktes zusammenzuziehen.

Gemeinsamer Aspekt aller drei FL-Modelle ist, dass sie von Anfang an ein ohne Unterlass mehr oder minder schnell expandierendes Universum beschreiben. Ein Universum, das sich so verhält, muss demnach in der Vergangenheit kleiner gewesen sein. Und in der Tat: Lässt man in einem Gedankenexperiment die Zeit rückwärts laufen, so schrumpfen – rein rechnerisch – alle nach einer mehr oder weniger langen, aber endlichen Zeit auf die Größe eines unendlich kleinen Punktes von unendlich großer Massendichte zusammen. Diese Situation bezeichnet man auch als Anfangssingularität des Universums. Folgt man den Theorien, so ist aus diesem Zustand das Universum durch den Urknall hervorgegangen.

Was die Geschichte kompliziert macht, ist die Tatsache, dass Singularitäten in der Natur nicht vorkommen, unendlich große oder kleine Werte kann es nicht geben. Warum aber liefern dann die FL-Gleichungen ein solches mathematisch zwar korrektes, ansonsten aber physikalisch unsinniges Resultat? Dass die FL-Gleichungen die Entwicklung unseres Universums zutreffend beschreiben, zeigt der Vergleich der theoretischen Vorhersagen mit dem heutigen Aussehen des Universums. Andererseits hat es nach allem, was wir gegenwärtig wissen, den Urknall tatsächlich gegeben. Ein deutlicher Hinweis darauf ist beispielsweise die Existenz der kosmischen Hintergrundstrahlung, auf die wir noch zu sprechen kommen. Wo also liegt das Problem? Einfach ausgedrückt: Es liegt an unserem Verständnis der Physik. In einer Singularität verlieren alle uns bekannten physikalischen Gesetze ihre Gültigkeit. Wie beispielsweise die Gravitation auf großen und größten räumlichen Skalen wirkt, lässt sich mithilfe der Einstein'schen Allgemeinen Relativitätstheorie exakt festlegen. Doch im Bereich atomarer beziehungsweise subatomarer Größen versagt diese Theorie und führt, wie am Singularitätsproblem zu erkennen, zu physikalisch unsinnigen Ergebnissen.

Alle bisherigen Überlegungen beruhen jedoch ausschließlich auf den Gesetzen der klassischen Physik. Mittlerweile weiß man aber, dass in einem System, in dem die Dichte ein gewisses Maß übersteigt, Quanteneffekte ins Spiel kommen, die sich auch auf die Gravitation auswirken. Lässt man daher das Universum in einem Gedankenexperiment genügend schrumpfen, so machen sich auch dort quantenmechanische Effekte bemerkbar. Dieser Fall tritt spätestens bei Erreichen der so genannten Planck-Skala ein. Nach Max Planck lassen sich nämlich aus den drei Naturkonstanten G (Gravitationskonstante), c (Lichtgeschwindigkeit) und h (Planck'sches Wirkungsquantum) kleinste natürliche Einheiten bilden: nämlich eine Planck-Länge von 10^{-33} Zentimetern, eine Planck-Zeit von 10^{-44} Sekunden und eine Planck-Energie von 10^{28} eV (ein eV entspricht der Energie, die ein Elektron gewinnt, wenn es eine Potenzialdifferenz von einem Volt durchläuft). Unterhalb dieser Größen verliert Einsteins Gravitationstheorie ihre Gültigkeit, und die Quantentheorie bestimmt, wie sich die Materie verhält. Der prinzipielle Unterschied zwischen der Quantentheorie und der die Gravitation beschreibenden Allgemeinen Relativitätstheorie besteht darin, dass in der Quantentheorie der Begriff »Teilchen« gar nicht vorkommt, sondern durch den Begriff »Wellenfunktion« ersetzt ist. Diese Funktion repräsentiert alle erdenkbar möglichen Ergebnisse der wahrnehmbaren Welt, solange man keine Überprüfung des Systems in Form einer Messung vornimmt. Erst im Augenblick einer Messung verschwindet die Wellenfunktion, und das Teilchen mit seinen speziellen Eigenschaften hinsichtlich Energie, Ort und Impuls kommt zum Vorschein. Mit welcher Wahrscheinlichkeit dabei bestimmte Werte für die Teilcheneigenschaften zu erwarten sind, lässt sich aus der Wellenfunktion berechnen.

Eine Chance, das Singularitätsproblem zu umgehen, könnte in der Vereinheitlichung dieser beiden Theorien zu einer Theorie der Quantengravitation liegen. Leider ist dies trotz großer Anstrengungen bis heute nicht gelungen. Man hofft jedoch, das Problem mithilfe der Stringtheorie lösen zu können, welche die Elementarteilchen nicht mehr als punktförmige Objekte auffasst, sondern als unterschiedliche Schwingungszustände eines einzigen, eindimensionalen Gebildes, eines »Fadens« (englisch: String). Mit dieser Theorie könnte es gelingen, Gravitation, Quantentheorie und die Theorien der Elementarteilchen zu vereinheitlichen. Was das Unternehmen so schwierig gestaltet, ist, dass die Stringtheorie im Gegensatz zur vierdimensionalen Raumzeit der Einstein'schen Relativitätstheorie (drei Raumkoordinaten und eine Zeitkoordinate) nur in einem Raum von zehn oder elf Dimensionen widerspruchsfrei ist. Da wir davon aber nichts bemerken, sehen sich die Wissenschaftler zu der Annahme gezwungen, dass die zusätzlichen Dimensionen auf Ausdehnungen unterhalb der experimentellen Wahrnehmungsschwelle eingerollt sind. Ob das zutrifft, muss sich erst noch zeigen. Gegenwärtig stößt die Stringtheorie noch auf große begriffliche und mathematische Schwierigkeiten. Ob und wann diese überwunden werden können, ist zurzeit nicht absehbar. Bis dahin hat es den Anschein, als müssten die Kosmologen wohl oder übel damit leben, dass sie über den Zustand des Universums beim und unmittelbar nach dem Urknall keine Aussagen machen können. Ein Blick auf die Struktur des Universums jenseits der Planck-Schwelle ist uns prinzipiell verwehrt.

Andere Erklärung – gleiches Ergebnis

Warum sich die verschiedenen Typen eines Universums so verhalten, wie es die FL-Gleichungen beschreiben, kann man sich auch auf andere Weise klar machen. Wir müssen uns dazu nur an das Newton'sche Gravitationsgesetz erinnern. Es besagt, dass sich Massen gegenseitig anziehen, und zwar umso mehr, je größer die Massen sind. Andererseits nimmt aber die Gravitation mit dem Abstand im Quadrat ab, sodass sie bei einem expandierenden Universum immer schwächer wird, da sich die Materie dabei auf einen zunehmend größeren Raum verteilt. Die ursprüngliche kinetische Energie, welche die Materie beim Urknall mitbekommen hat und die sie mit großer Geschwindigkeit auseinander treibt, wird folglich durch die Gravitation, welche die Materie wieder zusammenziehen möchte, mehr und mehr aufgezehrt. Das heißt, die Expansion wird gebremst. Wie stark die Verlangsamung ausfällt, hängt davon ab, wie viel Materie das Universum enthält.

Bei einem offenen Universum ist so wenig Materie vorhanden, dass die Gravitationskräfte zu allen Zeiten zu schwach sind, um die Expansion zu stoppen. Die Ausdehnung wird zwar stetig verlangsamt, kommt aber nie zum Stillstand. Dagegen sind in einem geschlossenen Universum die gegenseitigen Anziehungskräfte aufgrund der großen Menge an Materie ausreichend stark, um das Auseinanderstreben der Materie nach einer gewissen Zeit zum Stillstand zu bringen. In diesem Augenblick hat die kinetische Energie den Wert null, und nichts bewegt sich mehr. Da aber die Gravitation nach wie vor auf die Materie wirkt, werden die Massen unter dem Einfluss dieser Kraft wieder aufeinander zu beschleunigt, und das Universum schrumpft stetig, bis es schließlich in einer Singularität wieder verschwindet. Was da geschieht, kann man sich anhand eines senkrecht in die Höhe geworfenen Balles veranschaulichen. Im Augenblick des Abwurfs ist die Geschwindigkeit des Balles am größten, wird aber mit zunehmender Höhe immer kleiner. Am Gipfelpunkt angekommen, ist die Geschwindigkeit null, und die gesamte kinetische Energie, die dem Ball vom Werfer mitgegeben worden war, hat sich in potenzielle Energie, das heißt in Energie der Lage, umgewandelt. Jetzt wirkt nur noch die Schwerkraft der Erde, die den Ball wieder beschleunigt und ihn mit wachsender Geschwindigkeit zu Boden fallen lässt.

Zwischen diesen beiden Klassen eines offenen und eines geschlossenen Universums liegt als Sonderfall das flache Universum. Es enthält exakt die Menge an Materie, die weder ausreicht, die Ausdehnung des Universums umzukehren, noch klein genug ist, um die Expansion auf ewig weiterlaufen zu lassen. Da es sich also um eine ganz bestimmte, wohl definierte kritische Menge an Materie handelt, die sozusagen ein offenes von einem geschlossenen Universum trennt, bezeichnet man deren Dichte auch als »kritische Dichte« ρ_c. In einem flachen Universum ist die Menge an Materie also gerade so bemessen, dass mit wachsender Größe die Gravitationskräfte in solchem Maße schwinden, dass die kinetische Energie erst nach unendlich langer Zeit vollständig aufgezehrt wird.

Probleme mit ρ und H_0

Wie steht es nun mit den beiden Größen Massendichte ρ_M und Hubbel-Parameter H_0, deren Kenntnis, wie man entsprechend dem Wissensstand vor wenigen Jahren noch glaubte, genügt, den Typus eines Universums festzulegen? Beide sind experimentell schwierig zu bestimmen, und trotz jahrzehntelanger Forschung verfügt man immer noch über keine exakten Werte für ρ_M und H_0. Was die mittlere Massendichte anbelangt, so haben wir uns bereits im Abschnitt über die Dunkle Materie ausführlich damit beschäftigt und festgestellt, dass sie kleiner ist als die kritische Dichte ρ_c. Zunächst hatte man ja nur die baryonische Materie auf der Rechnung, zu der auch die leuchtende Materie gehört. Später kam dann noch etwa zehnmal so viel an Dunkler Materie hinzu. Doch beide Komponenten zusammen machen nur etwa ein Drittel der kritischen Dichte aus, sodass Ω ungefähr gleich 0,3 ist. Dementsprechend war man der Meinung, in einem offenen Universum zu leben.

Auch der gegenwärtige Hubble-Parameter H_0 – die tiefgestellte 0 soll andeuten, dass es sich dabei um den Wert handelt, der in der aktuellen Epoche des Universums gilt – hat seine Geschichte. Eine erste Bestimmung dieser Größe gelang 1929 dem Astronomen Edwin Hubble, nach dem dieser Parameter auch benannt ist. Damals ergab sich aus seinen Messungen ein Wert von etwa 500 km/s/Mpc. Zur Erinnerung sei nochmals angemerkt, dass der Hubble-Parameter Auskunft über die Expansionsrate des Universums gibt. Ein H_0 von 500 km/s/Mpc bedeutet demnach, dass sich beispielsweise eine Galaxie in einer Entfernung von einem Mpc (Megaparsec), was einer Entfernung von rund 3,26 Millionen Lichtjahren oder etwa 3×10^{19} Kilometern entspricht, mit einer Geschwindigkeit von 500 Kilometern pro Sekunde von uns wegbewegt. Für die doppelte Entfernung ist die Geschwindigkeit doppelt so hoch, für die dreifache dreimal höher und so fort.

Um einem weit verbreiteten Missverständnis vorzubeugen, sei hier erwähnt, dass diese »Galaxienflucht« nicht darauf beruht, dass sich die einzelnen Objekte im All mit einer entsprechenden Geschwindigkeit bewegen. Vielmehr dehnt sich aufgrund der Expansion des Universums der Raum zwischen den Galaxien. Dies lässt sich gut an einem auf ein Gummiband aufgedruckten Maßstab, auf den an zwei Stellen eine Erbse aufgeklebt ist, veranschaulichen. Zieht man das Gummiband auseinander, so wird zwar die Skala gestreckt, wobei sich der Abstand zwischen den Erbsen vergrößert, aber die Erbsen selbst bewegen sich auf der Skala nicht. Für das Verständnis der Fluchtgeschwindigkeit ist dies ein wesentlicher Aspekt.

Doch jetzt wieder zurück zu Edwin Hubble. Wie wir noch sehen werden, hatte Hubble mit seinen Messwerten für große Aufregung unter den Kosmologen gesorgt. Denn aus den FL-Gleichungen lässt sich ableiten, dass der Kehrwert von H_0, also $1/H_0$, dem Alter t_0 des Universums entspricht. Die Kosmologen bezeichnen diese Zeit auch als die Hubble-Zeit. $t_0 = 1/H_0$ gilt jedoch nur unter der hypothetischen Annahme, dass wir es mit einem leeren Universum, also einem Kosmos ohne Materie, zu tun haben, das sich zu allen Zeiten gleichmäßig ausdehnt. Mit einem H_0 von 500 km/s/Mpc wäre ein derartiges Universum knapp zwei Milliarden Jahre alt.

Enthält jedoch das Universum Materie, was ja für unser Universum zweifellos zutrifft, so sorgt die Anziehungskraft für eine stetige Verlangsamung der Expansion, das heißt, das Universum expandiert gebremst und hat sich früher schneller ausgedehnt als heute. Ein Universum mit Materie benötigt also weniger Zeit, um eine gewisse Größe zu erreichen, als ein leeres Universum und ist folglich auch jünger als ein solches. Das Alter eines flachen Universums mit $\Omega = 1$ und $\Lambda = 0$ ist daher nicht mehr gleich der Hubble-Zeit $t_0 = 1/H_0$, sondern es ist auf zwei Drittel der Hubble-Zeit verkürzt und wird Friedmann-Zeit t_F genannt. Zur Gleichung umformuliert heißt das: $t_f = (2/3)t_0 = 2/(3H_0)$. Ein derartiges Universum bezeichnet man übrigens auch als Einstein-de-Sitter-Universum, weil Albert Einstein und Willem de Sitter die Ersten waren, die das Expansionsverhalten dieses Universumtypus untersucht haben.

Mit $t_f = (2/3)t_0$ verkürzt sich das Alter des Universums auf eine problematisch kurze Zeit von etwa 1,3 Milliarden Jahren. Problematisch deswegen, weil dieser Zeitraum in krassem

Widerspruch steht zum Alter der ältesten Sterne, ja sogar zum Alter unseres Sonnensystems. Es kann doch nicht sein, dass das Universum jünger ist als seine Teile!

Alt, älter und sehr alt

Das Alter des Sonnensystems lässt sich anhand auf die Erde gestürzter Meteoriten bestimmen. Da sich die Meteoriten gleichzeitig mit den Planeten aus dem Material der die junge Sonne umgebenden Staub- und Gasscheibe gebildet haben, sind sie praktisch Zeitzeugen der Entstehung des Sonnensystems. Man darf ihr Alter also mit dem des Sonnensystems gleichsetzen. Auch das Mondgestein, von amerikanischen Astronauten der Apollo-Missionen zur Erde gebracht, kann als Maßstab herangezogen werden. Ungeeignet sind dagegen die Gesteine unserer Erde. Wegen der steten Umformung der Erdkruste aufgrund der Plattentektonik ist das Ursprungsmaterial aus der Entstehungszeit unserer Erde längst wieder ins Erdinnere abgesunken, aufgeschmolzen und in seiner Zusammensetzung verändert. Die ältesten noch erhaltenen Gesteine sind daher deutlich jünger als die Erde.

Zur Altersbestimmung einer Gesteinsprobe nutzt man die Tatsache, dass in der Probe eingeschlossene radioaktive Elemente mit der Zeit in stabile Tochterelemente zerfallen. Dabei kann der Zerfall entweder unter Emission eines α-Teilchens oder eines Elektrons erfolgen. Den ersten Prozess bezeichnet man als α-Zerfall, den zweiten als β-Zerfall. Beim α-Zerfall wird ein α-Teilchen, das heißt ein Heliumkern, bestehend aus zwei Protonen und zwei Neutronen, aus dem Kern des radioaktiven Elements ausgestoßen, wobei ein Tochterelement mit einer um zwei Einheiten kleineren Ordnungszahl (welche die Anzahl der Protonen im Kern angibt) und einer um vier Einheiten kleineren Massenzahl (welche die Summe aller Kernbausteine, Protonen und Neutronen, nennt) entsteht. Beim β-Zerfall wandelt sich ein Neutron im Kern des radioaktiven Elements in ein Proton um, und das dabei entstehende Elektron wird abgestrahlt. Aus diesem Grund erhöht sich beim β-Zerfall auch nur die Ordnungszahl des Tochterelements um eine Einheit, die Anzahl der Kernbausteine bleibt jedoch gleich. Meist sind beide Zerfallsarten von der Emission eines hochenergetischen γ-Quants begleitet, mit der jedoch keine weitere Elementumwandlung verbunden ist.

Sowohl α- als auch β-Zerfälle ereignen sich spontan und rein zufällig. Die Zahl der pro Sekunde zerfallenden Kerne einer bestimmten Kernart ist nur von der Menge der noch nicht zerfallenen Kerne abhängig, genauer gesagt, sie ist dieser Menge proportional. Daraus folgt das bekannte Zerfallsgesetz $N_t = N_0 \times e^{-\lambda t}$. In dieser Gleichung bedeutet N_t die Anzahl der nach t Sekunden verbliebenen, das heißt noch nicht zerfallenen Kerne, N_0 ist die Anfangsmenge der radioaktiven Kerne und λ die Zerfallskonstante. Da entsprechend dem Zerfallsgesetz die Menge der radioaktiven Kerne einer Probe mit der Zeit exponentiell abnimmt, wird im gleichen Maß auch die den Zerfall begleitende α- beziehungsweise β-Strahlung immer schwächer. Damit ist es möglich, die Zerfallskonstante λ einer radioaktiven Probe im Labor zu bestimmen. Man muss dazu lediglich die zu N_t proportionale Intensität der α- beziehungsweise β-Strahlung in Abhängigkeit von der Zeit messen und logarithmisch gegen die Zeit auftragen. Aus der Steigung der Geraden, auf der die Messpunkte liegen, kann man dann λ ermitteln.

Eine wichtige Größe beim radioaktiven Zerfall ist die Halbwertszeit τ einer radioaktiven Substanz, also jene Zeitspanne, nach welcher von einer gegebenen Menge radioaktiver Kerne gerade die Hälfte zerfallen ist. In den Tabellen über radioaktive Elemente ist meistens diese Zeit angegeben. Wie eine relativ einfache Rechnung zeigt, kann man die Zerfallskonstante λ aus der Halbwertszeit τ über die Gleichung $\lambda = \ln 2/\tau = 0{,}69/\tau$ erhalten.

Um das Alter mehrerer Milliarden Jahre alter Proben zu bestimmen, braucht man radioaktive Elemente mit entsprechend langen Halbwertszeiten. Zur Altersbestimmung von Gesteinen sind daher besonders langlebige radioaktive Elemente wie Uran 238, Uran 235 oder Thorium 232 mit Halbwertszeiten von $4{,}5 \times 10^9$, beziehungsweise $7{,}1 \times 10^8$ oder $1{,}4 \times 10^{10}$ Jahren geeignet. Alle drei Elemente zerfallen letztlich zu stabilem Blei. Aus dem Verhältnis der in einer Probe noch vorhandenen Mutteratome zur Summe aus Tochter- und Mutteratomen kann man bei bekannter Zerfallskonstante λ berechnen, wie lange der Zerfallsprozess bereits läuft. Eine korrekte Altersbestimmung setzt jedoch voraus, dass die Zerfallsprozesse bis zum Zeitpunkt der Messung ungestört durch äußere Einflüsse ablaufen konnten. Da sowohl die Kerne der Meteoriten als auch das Innere der Felsbrocken vom Mond ab dem Zeitpunkt ihrer Entstehung von der Außenwelt isoliert waren, ist diese Bedingung sicherlich hinreichend erfüllt. In der Praxis ist die Altersbestimmung jedoch nicht ganz so einfach, da im Allgemeinen ein radioaktives Mutterelement erst über mehrere, ebenfalls radioaktiv zerfallende Zwischenprodukte in ein stabiles Tochterelement übergeht. So zerfällt beispielsweise Uran 238 erst in einer Zerfallskette über mehrere Radiumisotope in das stabile Bleiisotop 206, Uran 235 über Actiniumisotope in Blei 207 und Thorium über mehrere Thoriumisotope in Blei 208.

Angewandt auf die Gesteine der Erde, liefert die Altersbestimmung mittels radioaktiver Elemente einen Wert von rund 3,7 Milliarden Jahren. Die Felsbrocken vom Mond sind, wie schon erwähnt, deutlich älter und bringen es auf 4,5 bis 4,6 Milliarden Jahre. Ähnlich alt sind auch die Meteoriten, die entweder im arktischen Eis oder im Erdboden steckend aufgefunden wurden. Fasst man alle Untersuchungsergebnisse an den Gesteinen und den Meteoriten zusammen, so kann man das Sonnensystem auf ein Alter von 4,57 Milliarden ± 30 Millionen Jahre datieren.

Noch viel älter

Wesentlich älter als das Sonnensystem sind die Sterne jener Kugelhaufen, die sich im Halo unserer Galaxis angesiedelt haben. Da es von dort jedoch kein Untersuchungsmaterial gibt, scheidet die Möglichkeit einer radioaktiven Altersbestimmung aus. Hier helfen die Theorien zur Sternentwicklung weiter, die im Wesentlichen aus dem Studium der Prozesse in unserer Sonne gewonnen wurden. Kurz skizziert, beginnt das Leben eines Sterns, wenn sich interstellares Gas zunächst zu Wolken und dann zu Gaskugeln verdichtet. Dabei steigt die Temperatur im Innern der Gaskugel so weit an, dass schließlich in deren Zentrum Wasserstoff in einer thermonuklearen Reaktion zu Helium fusioniert – ein Vorgang, den man auch als Wasserstoffbrennen bezeichnet. Dieser Augenblick ist die eigentliche Geburtsstunde eines Sterns. Der nukleare Ofen im Zentrum erlischt jedoch wieder, sobald etwa zehn Prozent des Wasserstoffs verbraucht sind. Dann findet Wasserstoffbrennen nur noch in einer schmalen Kugelschale um den Kern statt. In dieser Phase ist das thermische Gleichgewicht des Sterns jedoch empfindlich gestört. Um seine »Balance« wiederzuerlangen, bläht sich der Stern zu einem Roten Riesen von enormer Leuchtkraft, aber deutlich niedrigerer Temperatur auf. Später steigen dann Temperatur und Druck im Stern wieder an, sodass ein zweiter Fusionsprozess zündet, bei dem das aus dem Wasserstoff fusionierte Helium zu Kohlenstoff und zu Sauerstoff verbrennt.

Was die Zeitdauer dieser Prozesse anbelangt, so gibt es natürlich Unterschiede, denn nicht alle Sterne sind gleich groß und gleich schwer. Die meisten sind masseärmer als unsere Sonne, ein geringerer Teil ist massereicher. Mit der Masse unserer Sonne als Referenzmaßstab beginnt die Massenskala der Sterne bei etwa 0,1 Sonnenmassen und reicht hinauf bis zu knapp 100 Sonnenmassen. Je mehr Masse ein Stern auf die Waage bringt, desto heißer ist er, sowohl in seinem Innern als auch an seiner Oberfläche. Schuld daran ist die Gravitationskraft, welche die inneren Bereiche des Sterns zusammenpresst. Je massereicher ein Stern ist, desto stärker wirkt sich diese Kraft aus, und desto größer wird der Druck im Sterninnern. Hohe Drücke sind aber gleichbedeutend mit hohen Temperaturen, und je höher die Temperatur im Sterninnern, desto schneller laufen die Fusionsprozesse ab. Aus diesem Grund verbrennen massereiche Sterne ihren Wasserstoff auch schneller als massearme. Das spiegelt sich insbesondere in der Leuchtkraft der Sterne wider: Sie wächst mit zunehmender Masse, und zwar ungefähr mit der dritten Potenz ihrer Masse. Eine Verdoppelung der Masse führt somit zu einer achtmal höheren Leuchtkraft. Das hat zur Folge, dass einem massereichen Stern – bildlich gesprochen – der Brennstoff eher ausgeht als einem massearmen. Die Zeit, während der ein massereicher Stern im Stadium des Wasserstoffbrennens verharrt, ist kürzer als bei einem Stern geringer Masse. Eine einfache Rechnung zeigt denn auch, dass die Wasserstoffbrenndauer in etwa mit dem Quadrat der Masse abnimmt. Während unsere Sonne rund zehn Milliarden Jahre benötigt, um ihren Wasserstoff im Zentrum zu verbrennen, bewältigt das ein Stern von doppelter Masse in etwa zwei Milliarden Jahren. Ein Stern von einer halben Sonnenmasse verharrt dagegen etwa 40 Milliarden Jahre in der Phase des Wasserstoffbrennens.

Die Energie, die bei den Fusionsprozessen freigesetzt wird,

strahlt der Stern vornehmlich in Form von Licht unterschiedlicher Wellenlängen ab. Was wir davon auf der Erde empfangen, ist wie eine kosmische Zeitung, aus der man viel über den Stern in Erfahrung bringen kann. Beispielsweise gibt eine Spektralanalyse Auskunft über die Temperatur auf der Sternoberfläche. Unsere Sonne, die Licht hauptsächlich im sichtbaren Bereich des elektromagnetischen Spektrums abstrahlt, hat eine Oberflächentemperatur von rund 5800 Kelvin. Ein zweieinhalbmal so massereicher Stern, beispielsweise Wega im Sternbild Leier, dessen Spektrum einen hohen Anteil ultravioletten Lichts aufweist, bringt es dagegen auf eine Oberflächentemperatur von knapp 10 000 Kelvin.

Eine andere wichtige Größe ist die Helligkeit des Sterns, die, wie schon erwähnt, ein Maß für die Masse des Sterns ist. Dass man Sternhelligkeiten in Magnituden angibt und dabei zwischen scheinbarer und absoluter Helligkeit unterscheidet, davon war bereits im vorausgegangenen Kapitel über Dunkle Materie die Rede. Ist die Entfernung zum Stern bekannt, so lässt sich mit einer einfachen Formel die beobachtete scheinbare Helligkeit in die absolute Helligkeit, auf die es hier ankommt, umrechnen.

Bis jetzt hat das, was wir über die Fusionsprozesse in einem Stern, über seine Masse und seine Helligkeit gesagt haben, noch wenig mit dem Alter von Kugelsternhaufen zu tun. Interessant wird es jedoch, wenn man die absolute Helligkeit der Sterne gegen ihre Temperatur aufträgt, so wie es erstmals unabhängig voneinander die Astronomen Einar Hertzsprung und Henry Norris Russell gemacht haben. In diesem so genannten Hertzsprung-Russell-Diagramm liegen alle Sterne, die sich im Stadium des Wasserstoffbrennens befinden, auf einer Linie, die mehr oder weniger diagonal von links oben nach rechts unten quer durch das Diagramm läuft.

Diese Linie, genau genommen handelt es sich um ein schma-

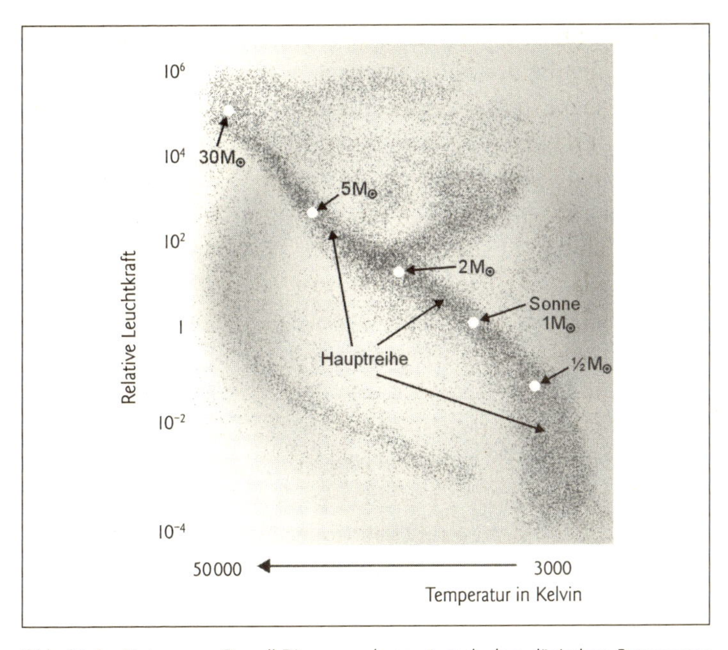

Abb. 22 Im Hertzsprung-Russell-Diagramm, benannt nach dem dänischen Astronomen Einar Hertzsprung und dem amerikanischen Astronomen Henry Norris Russell, ist die Leuchtkraft der Sterne gegen ihre Oberflächentemperatur aufgetragen. In dem diagonalen Band, das von links oben nach rechts unten quer durch das Diagramm verläuft, sind alle Sterne aufgereiht, die sich im Stadium des Wasserstoffbrennens befinden, die also gerade dabei sind, in ihrem Zentrum Wasserstoff zu Helium zu fusionieren. Die Masse eines Sterns entscheidet, wo der Stern auf der Hauptreihe zu liegen kommt, beziehungsweise welche Leuchtkraft und Oberflächentemperatur der Stern besitzt und wie lange er im Stadium des Wasserstoffbrennens verharrt. Gegen Ende dieser Phase verlassen die Sterne die Hauptreihe und wandern nach rechts zu niedrigeren Temperaturen.

les Band, bezeichnet man auch als »Hauptreihe« und die Sterne, die sich auf diesem Band aneinander reihen, als »Hauptreihensterne«. Hat ein Stern jedoch seinen Wasserstoffvorrat in Helium verwandelt und ist zu einem Roten Riesen geworden, so verlässt er die Hauptreihe bei zunächst annähernd gleicher Helligkeit nach rechts in Richtung niedriger Oberflächentemperatur. Und genau das ist der Schlüssel zur Altersbestimmung der Sterne in den Kugelsternhaufen.

Was also ist zu tun? Zunächst muss man Temperatur und absolute Helligkeit möglichst vieler Sterne eines Kugelsternhaufens bestimmen. Überträgt man diese Daten in ein Hertz-

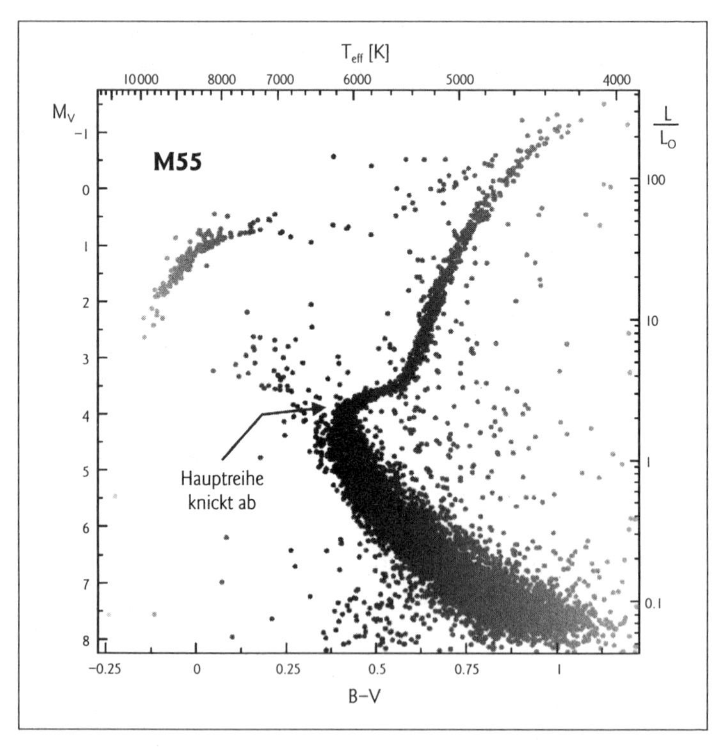

Abb. 23 Im Hertzsprung-Russell-Diagramm haben sich die Sterne ab einer gewissen Masse bereits zu Roten Riesen entwickelt und sich nach rechts von der Hauptreihe entfernt. Die Sterne am Knick stehen unmittelbar vor dem Ende des Wasserstoffbrennens. Da man die Masse dieser Sterne aus dem Diagramm bestimmen kann und außerdem die Gesetzmäßigkeiten, denen zufolge sich die Sterne in Abhängigkeit von ihrer Masse entwickeln, gut verstanden sind, lässt sich das Alter der Sterne am Abknickpunkt berechnen. Weil in einem Kugelhaufen alle Sterne zur gleichen Zeit entstanden sind, entspricht dieses Alter auch dem Alter des gesamten Haufens.

sprung-Russell-Diagramm, so zeigt sich, dass die Hauptreihe nicht bis zu den höchsten Temperaturen und Helligkeiten bevölkert ist, sondern an einer gewissen Stelle nach rechts abknickt.

Aus der Helligkeit am Abknickpunkt lässt sich nun die Masse jener Sterne ermitteln, die gerade das Wasserstoffbrennen beenden. Sterne mit größerer Masse als diese Grenzmasse haben sich schon weiterentwickelt und die Hauptreihe verlassen. Nur die Sterne geringerer Masse sind noch auf der Hauptreihe verblieben, denn sie verbrennen ihren Wasserstoffvorrat viel langsamer als die massereichen Sterne.

Entscheidend ist nun, dass die Sterne eines Kugelsternhaufens unabhängig von ihrer Masse nach astronomischen Zeitmaßstäben – wobei wir hier um ein paar Millionen Jahre hin oder her nicht streiten wollen – quasi gleichzeitig entstanden, also gleich alt sind. Diese Annahme ist insofern gerechtfertigt, als in einem Kugelsternhaufen die Sterne außerordentlich dicht beieinander stehen und folglich alle aus dem Kollaps einer einzigen Gas- und Staubwolke hervorgegangen sein müssen. Aufgrund dessen markiert der Abknickpunkt nicht nur das Alter der Sterne an dieser Stelle, sondern das aller Sterne des Kugelhaufens. Es genügt daher, herauszufinden, wie lange die Sterne am Abknickpunkt gebraucht haben, um ihren Wasserstoff zu verbrennen, um das Alter des gesamten Haufens zu bestimmen.

Anhand der Sternmodelle, die man wie gesagt aus der Beobachtung unserer Sonne und der dort ablaufenden, allgemein akzeptierten physikalischen Prozesse abgeleitet hat, lässt sich abschätzen, wie lange es dauert, bis ein Stern bekannter Masse die Hauptreihe verlässt und in das Stadium eines Roten Riesen eintritt. Für die Kugelsternhaufen in unserer Milchstraße liefern diese Modelle ein Alter von 11 bis 13 Milliarden Jahren. Die Schwankungsbreite von zwei Milliarden Jahren erklärt

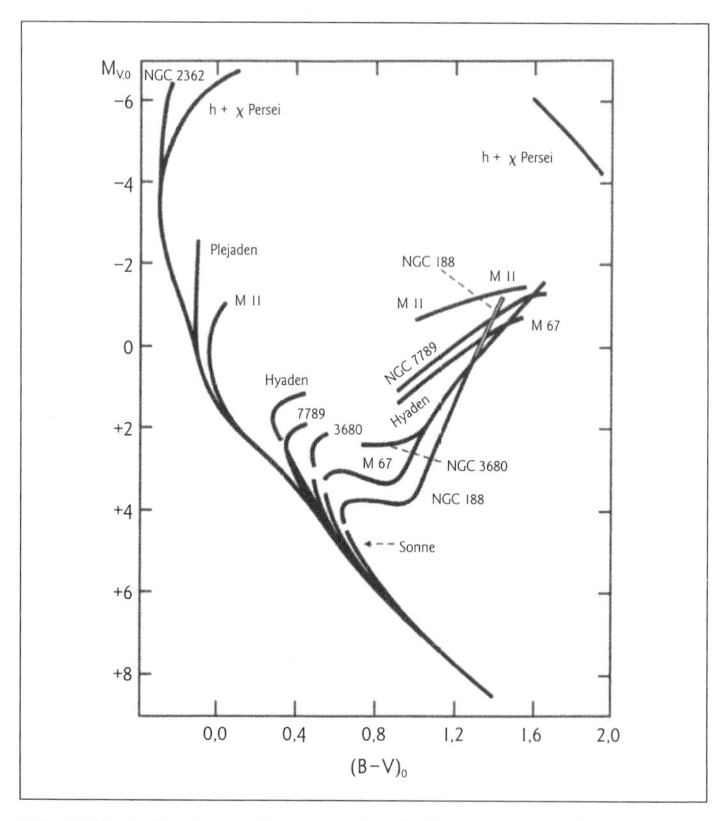

Abb. 24 Die Grafik zeigt eine Zusammenschau der Hertzsprung-Russell-Diagramme verschiedener Kugelhaufen. Entsprechend der Besetzung der Hauptreihe ist NGC 2362 das jüngste und NGC 188 das älteste der aufgeführten Objekte. Bei beiden handelt es sich um offene Sternhaufen.

sich im Wesentlichen daraus, dass die Variablen in den Sternmodellen noch nicht genügend ausgelotet sind. Dazu gehört insbesondere die Art des Energietransports im Stern, wo und wie schnell beispielsweise die Energie entweder in Form von Strahlung oder durch das Aufsteigen erhitzter Gasblasen, der so genannten Konvektion, weitergeleitet wird. Eine andere weitgehend unbekannte Größe ist die Metallizität des Sterns, das heißt der Anteil Elemente, die schwerer sind als Helium. Dass die Astronomen alle Elemente schwerer als Helium sozusagen in einen Topf werfen und als Metalle bezeichnen, soll uns hier nicht weiter stören. Eine mehr oder weniger große Metallizität hat jedoch deutliche Auswirkungen auf die Fusionsprozesse und damit auf die Sternentwicklung. Ohne deren genaue Kenntnis lässt sich das Alter des Sterns nur in gewissen Grenzen bestimmen.

Mit den aus den Modellen abgeleiteten 11 bis 13 Milliarden Jahren wären also die ältesten Sterne ungefähr zehnmal so alt wie das Universum, für das sich mit dem von Hubble gefundenen Wert für H_0 ein Alter von nur 1,3 Milliarden Jahren ergibt. Wie bereits gesagt: Das war für die Fachleute eine ziemlich kalte Dusche. Wieso klafften die Daten so weit auseinander? Waren die Sternmodelle falsch? Stimmte der Wert der Hubble-Konstante H_0 nicht? Mittlerweile steht fest, dass sich Hubble bei seinen Messungen hat täuschen lassen. Sein H_0 war viel zu groß. Der Fehler steckte in den gemessenen Driftgeschwindigkeiten der beobachteten Objekte. Hubble untersuchte nämlich nur Galaxien in relativ geringem Abstand zur Milchstraße. Aufgrund dieser »Nähe« haben diese Galaxien nur eine relativ kleine, durch die Expansion des Universums verursachte Fluchtgeschwindigkeit, das heißt, sie haben es nicht sonderlich eilig, sich von unserer Galaxis zu entfernen. Da aber die Sterne beziehungsweise die Galaxien, in denen die Sterne beheimatet sind, den Gravitationskräften benachbarter Massen unterliegen, werden die Galaxien auf diese Massen hin beschleunigt, was bedeutet, dass sie sich auf diese Massen zubewegen. Diese so genannte Eigenbewegung überlagert natürlich die allgemeine Fluchtgeschwindigkeit. Bei nahen Galaxien kann somit die Eigenbewegung ähnlich groß oder gar größer sein als die Fluchtgeschwindigkeit, mit dem Resultat, dass die gemessene Geschwindigkeit deutlich größer ist als die eigentliche Fluchtgeschwindigkeit.

Mit den Methoden der modernen Astronomie kann man die Hubble-Konstante genauer bestimmen. Dennoch war ihr Wert lange Zeit heftig umstritten. Während eine Gruppe Kosmologen aus ihren Untersuchungen einen Wert nahe 50 km/s/Mpc herausdestillierte, vertrat eine andere Gruppe die Ansicht, dass H_0 bei 100 km/s/Mpc liegen sollte. Mit H_0 gleich 50 km/s/Mpc erhält man für die Hubble-Zeit t_0 einen Wert von rund 19,5 Milliarden Jahren und für die Friedmann-Zeit t_F 13 Milliarden Jahre. Mit H_0 gleich 100 km/s/Mpc ist t_0 rund 10 Milliarden Jahre und t_F knapp 7 Milliarden Jahre. Mittlerweile haben neueste Messungen ein H_0 von 72 ± 5 km/s/Mpc ergeben. Damit liegt t_0 zwischen 12,7 und 14,6 Milliarden Jahren und t_F zwischen 8,5 und 9,7 Milliarden Jahren. Da unser Universum jedoch weder völlig leer ist noch eine Dichte besitzt, die der kritischen Dichte gleichkommt, muss sein Alter zwischen der Hubble- und der Friedmann-Zeit liegen. Mit dem ehemals gültigen Wert für die Dichte des Universums von etwa 30 Prozent der kritischen Dichte ($\Omega = 0,3$), der ausschließlich von der im Universum vorhandenen Materie herrührt, liefert eine genaue Rechnung mit H_0 gleich 72 ± 5 km/s/Mpc denn auch ein Alter zwischen 10,3 und 11,8 Milliarden Jahren. Damit stimmte das Alter der Kugelsternhaufen, zumindest was die Größenord-

Abb. 25, Ein materiedominiertes Universum ($\Lambda = 0$) ist umso älter, je weniger Masse es enthält. Ein masseloses Universum ($\Omega_M = 0$) wäre am ältesten und würde zu allen Zeiten gleichmäßig expandieren. Ein flaches, so genanntes Einstein-de-Sitter-Universum ($\Omega_M = 1$) ist zwar wesentlich jünger, doch wird seine Expansion so stark gebremst, dass es in der Zukunft deutlich langsamer heranwächst und somit immer kleiner bleibt als ein leeres Universum. Dazwischen liegt das offene, massearme, in seiner Expansion weniger stark gebremste Universum (beispielsweise $\Omega_M = 0,3$). Was die Ausdehnung anbelangt, so sind alle drei Typen nur heute von gleicher Größe. Im oberen Teil der Grafik ist die zeitliche Entwicklung der drei Fälle bis zur doppelten heutigen Ausdehnung dargestellt. Der untere Teil zeigt vergrößert die Entwicklung vom jeweiligen Beginn bis heute.

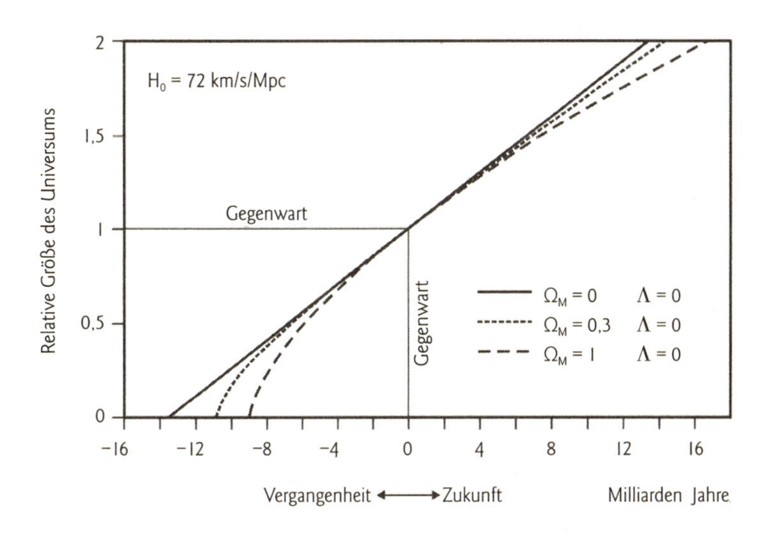
H_0 = 72 km/s/Mpc
Relative Größe des Universums
2
1,5
1
0,5
0
Gegenwart
Gegenwart
$\Omega_M = 0$ $\Lambda = 0$
$\Omega_M = 0,3$ $\Lambda = 0$
$\Omega_M = 1$ $\Lambda = 0$
−16
−12
−8
−4
0
4
8
12
16
Vergangenheit ⟷ Zukunft
Milliarden Jahre

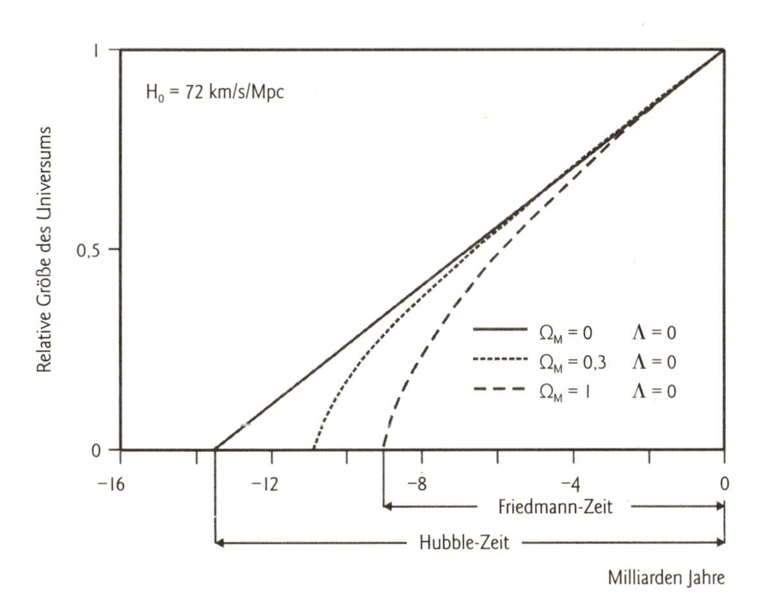
H_0 = 72 km/s/Mpc
Relative Größe des Universums
1
0,5
0
$\Omega_M = 0$ $\Lambda = 0$
$\Omega_M = 0,3$ $\Lambda = 0$
$\Omega_M = 1$ $\Lambda = 0$
−16
−12
−8
−4
0
Friedmann-Zeit
Hubble-Zeit
Milliarden Jahre

nung betrifft, gut mit dem anhand des FL-Modells berechneten Alter des Universums überein.

In der astronomischen Gemeinde wurden diese Ergebnisse mit ziemlicher Erleichterung aufgenommen. Besonders erfreulich war die Tatsache, dass zwei völlig verschiedene Methoden zum praktisch gleichen Ergebnis geführt haben. H_0, den Kehrwert der Entwicklungszeit des Universums, hatte man aus der Messung der Fluchtgeschwindigkeit und der scheinbaren Helligkeit von Galaxien gewonnen. Und um das Alter der Sterne in den Kugelsternhaufen zu bestimmen, musste man die theoretischen Modelle der Sternentwicklung mit den gemessenen Temperaturen und Helligkeiten der Kugelhaufensterne verknüpfen. Dass beide Ergebnisse von gleicher Größenordnung sind, werteten die Astronomen als einen Beweis, dass sowohl ihr Verständnis vom Universum als auch die Theorien zu seiner Entwicklung nicht ganz falsch sein können. Man musste allerdings zugestehen, dass sich der Bereich von 11 bis 13 Milliarden Jahren für das Alter der Kugelsternhaufen mit dem Bereich von 10,3 bis 11,8 Milliarden Jahren für das Alter des Universums nur am Rande deckt. Immer noch könnten einige Sterne älter sein als das Universum. Wie sich diese Diskrepanz, ob das Universum nicht doch älter ist, auflösen lässt, werden wir noch klären.

Fassen wir kurz zusammen: Im Standardmodell mit Λ gleich null ist die Entwicklung des Universums durch die Energiedichte und den Wert der Hubble-Konstante festgelegt. Die Krümmung wird bestimmt durch den Dichteparameter Ω, dem Quotienten aus Energiedichte ρ und der kritischen Dichte ρ_c. Wie im Kapitel über die Dunkle Materie bereits geschildert, setzt sich in einem Universum mit Λ gleich null Ω eigentlich aus dem Dichteparameter der Materie Ω_M und dem Dichteparameter der im Universum enthaltenen Strahlung Ω_{St} zusammen, das heißt: $\Omega = \Omega_M + \Omega_{St}$. Allerdings ist Ω_{St}, das den Wert

$4{,}7 \times 10^{-5}$ besitzt, im Vergleich zum Dichteparameter der Materie so klein, dass wir uns erlauben können, diese Größe im Rahmen unserer Betrachtungen zu vernachlässigen. Folglich gilt: $\Omega = \Omega_M$. Für Ω_M hatte man unter Einbeziehung der Dunklen Materie einen Wert von etwa 0,3 gefunden. Entsprechend unseren vorausgegangenen Überlegungen sollten wir also – so die Meinung noch vor einigen Jahren – in einem offenen Universum mit negativer Krümmung leben, dessen Ausdehnung sich zwar stetig verlangsamt, jedoch ewig andauert, dessen Ausdehnungsrate gegenwärtig etwa 72 km/s/Mpc beträgt und das zwischen 10,3 und 11,8 Milliarden Jahren alt ist.

Das Blatt wendet sich

Ein offenes Universum mit einem Ω von 0,3 war eigentlich nicht das, was sich die Kosmologen so vorgestellt hatten. Insgeheim hatte man doch auf ein Ω gleich 1 gehofft, auf ein flaches Universum. Warum ausgerechnet 0,3? Das war weder Fisch noch Fleisch. Ein flaches Universum wäre in vielerlei Hinsicht einfacher, und es hätte auf das Schönste die oft beobachtete Regel bestätigt, dass die Natur eher zum Einfachen als zum Komplexen neigt. Und überdies sollte ja gerade die unmittelbar nach dem Urknall einsetzende inflationäre Expansion des Kosmos – eine Theorie, die mittlerweile von einigen Kosmologen ins Spiel gebracht worden war – für ein flaches Universum gesorgt haben. Aber leider zeichnete die Datenlage ein anders Bild. Widersprüche in den FL-Modellen waren nicht zu entdecken, und die gemessenen Werte der das Universum bestimmenden Größen galten im Rahmen der Fehlergrenzen als gesichert. Welchen Anlass gäbe es, an den Resultaten zu zweifeln? Auch wenn sie uns nicht gefallen sollten, der Mensch, selbst ein Ergebnis der Entwicklung des Kosmos, kann daran nichts ändern. Das Universum ist eben so, wie es ist, und wir haben uns damit abzufinden.

Von der Wissenschaft wurde daher das skizzierte Bild des Universums, wenngleich mit einem gewissen Unbehagen, akzeptiert. Grob betrachtet passte ja auch alles zusammen. Aber im Detail blieben doch noch Fragen unbeantwortet: Wie lässt sich dieses und jenes erklären? Warum lief das gerade so ab, und hätte es nicht auch anders sein können? Hat man auch wirklich alles verstanden? Es waren in der Tat keine einfachen Fragen, und sie ließen sich verdrängen. Bis irgendwann jemand beschließt, der Sache auf den Grund zu gehen, erste Überlegungen anstellt, dabei vielleicht auf einen bis dahin nicht beachteten Umstand stößt und damit eine Lawine neuer Untersuchungen und Experimente lostritt.

Mikrowellen aus dem All

Es begann damit, dass man wissen wollte, welche Ursachen für die Strukturen im Kosmos verantwortlich sind. Wo sind die Keime dieser gewaltigen Massenkonzentrationen zu finden, der Galaxien und Galaxienhaufen? Der Erste, der andeutete, wo darüber etwas zu erfahren sein könnte, war der russisch-amerikanische Physiker George Anthony Gamow, einer der Begründer der Urknalltheorie. Entsprechend seiner bereits 1948 aufgestellten Theorie sollte vom Urknall ein Strahlungsrest übrig geblieben sein, der das Universum gleichmäßig ausfüllt und aus allen Richtungen des Raumes auf uns zukommt. Da die Wellenlänge elektromagnetischer Strahlung linear mit der Ausdehnung des Universums wächst, müsste sich diese ursprünglich extrem energetische Strahlung heute auf eine Temperatur von wenigen Kelvin abgekühlt haben (273,15 Kelvin entsprechen 0 Grad Celsius, 0 Kelvin entspricht dem absoluten Temperaturnullpunkt).

Dass man einer elektromagnetischen Strahlung eine Temperatur zuweisen kann, mag etwas verwirrend sein. Zur Erklärung stelle man sich eine heiße Herdplatte vor. Hält man die Hand über die Platte, so wird sie auf geheimnisvolle Weise erwärmt. Ist die Platte nur noch mäßig aufgeheizt, so dauert es länger, und man verspürt nur noch eine geringe Wärme. Da die Platte nicht berührt wird, muss von ihr eine Strahlung ausgehen, salopp gesprochen: eine Strahlung mit einer gewissen, mehr oder weniger hohen Temperatur. Obwohl dieses Bild die Vorgänge stark vereinfacht, trifft es doch den Nagel auf den Kopf. Denn alle Körper, ob kalt, warm oder heiß, strahlen elektromagnetische Wellen ab, deren Energie von der Temperatur des Körpers abhängt: Strahlung niedriger Energie und niedriger Strahlungstemperatur rührt her von relativ kühlen Körpern, Strahlung hoher Energie und hoher Strahlungstemperatur von relativ heißen Objekten.

Der Physiker Max Planck konnte das im Jahr 1900 erstmals in eine Formel fassen, die eine Berechnung dieser Strahlung ermöglicht. Demnach emittiert jeder Körper nicht nur eine einzelne Wellenlänge bestimmter Energie oder Temperatur, sondern ein ganzes Wellenlängenspektrum. Die Summe aller Wellenlängen, also die gesamte von einem Körper emittierte Strahlung, bezeichnet man auch als Schwarzkörperstrahlung. Trägt man in einem Diagramm die Intensität der Strahlung gegen die Wellenlänge auf, so erhält man eine charakteristische Kurve, die, beginnend bei kurzen Wellenlängen, steil zu einem Maximum aufsteigt und von da zu größeren Wellenlängen langsam wieder abfällt.

Die Lage des Maximums hängt von der Temperatur des Körpers ab. Höhere beziehungsweise niedrigere Körpertemperaturen lassen die Kurve zu einem größeren beziehungsweise kleineren Maximum ansteigen und verschieben die gesamte Kurve nach

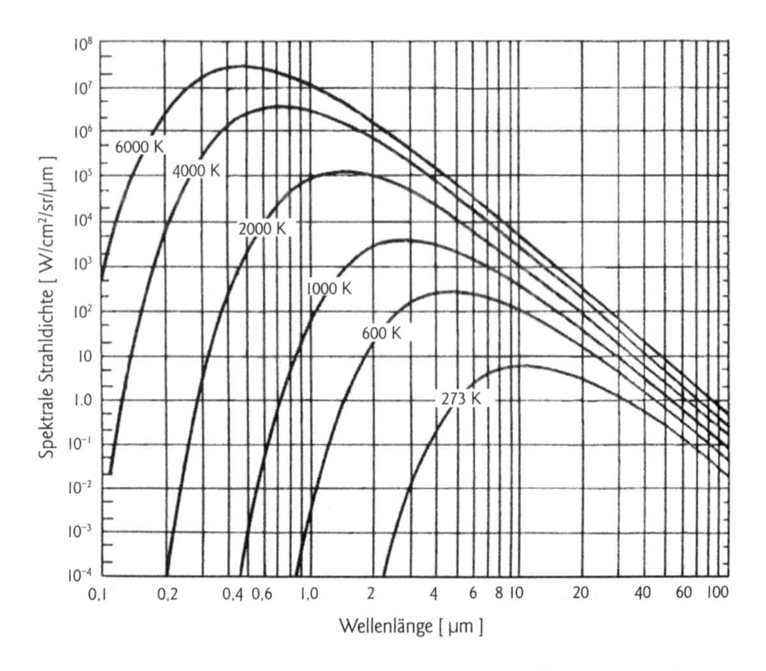

Abb. 26 Alle Körper emittieren die so genannte Schwarzkörperstrahlung, deren Strahlungsflussdichte mit der Temperatur des Körpers zunimmt. Wie sich die Intensität der Strahlung auf die einzelnen Wellenlängen verteilt, konnte der Physiker Max Planck im Jahr 1900 in seiner berühmten Strahlungsformel angeben. Demnach verschiebt sich das Intensitätsmaximum mit zunehmender Körpertemperatur nach immer kürzeren Wellenlängen, wobei sich die Form der Strahlungskurve nicht ändert. Aus der Grafik wird ersichtlich, dass unsere Sonne bei einer Oberflächentemperatur von rund 5800 Kelvin am intensivsten im Wellenlängenintervall von 0,44 bis 0,48 µm strahlt, dem blau-grünen Bereich des sichtbaren Lichtes. Man muss jedoch darauf hinweisen, dass Sterne im Allgemeinen nicht wie schwarze Körper strahlen, vielmehr weicht ihre Strahlungsleistung oft deutlich von der Planck'schen Strahlungskurve ab.

kürzeren beziehungsweise längeren Wellenlängen. Die charakteristische Form der Kurve bleibt dabei jedoch unverändert.

Was in unserem Beispiel die heiße Herdplatte ist, das war für die von Gamow vorhergesagte Strahlung das extrem heiße Universum zur Zeit des Urknalls. Die Energieverteilung der Strahlung entspricht genau der Planck'schen Formel. Expandiert das Universum, wobei es insgesamt abkühlt, so werden auch die Wellenlängen der Strahlung gedehnt, und die Strahlungstemperatur nimmt ab. Der Zusammenhang ist recht einfach: Wächst das Universum auf die doppelte Größe, so sinkt seine Temperatur auf die Hälfte des ursprünglichen Wertes.

Welche Temperatur beim Urknall im Universum herrschte, kann man nicht sagen, weil die Gesetze der Physik diesbezüglich versagen. Für die Zeit danach wurden aber theoretische Modelle entwickelt, die den Temperaturverlauf im Universum skizzieren. Demnach dürfte rund 10^{-44} Sekunden nach dem Urknall an der Grenze der Planck-Welt, als das Universum noch unvorstellbare 10^{93} Gramm pro Kubikzentimeter dicht war, die Temperatur stolze 10^{32} Kelvin betragen haben. Folgt man der Theorie, so sollte das Universum von damals bis heute um den Faktor 10^{32} gewachsen sein. Insofern müsste seine Temperatur gegenwärtig größenordnungsmäßig bei etwa 1 Kelvin liegen.

Wesentlich genauer ist die Datenlage zur Zeit der so genannten Rekombination, als sich die Kerne des Elements Wasserstoff, die Protonen, durch das Einfangen eines Elektrons in Wasserstoffatome verwandelten. Anhand der physikalischen Prozesse, die sich damals vollzogen und die man heute gut versteht, kann man nämlich die Temperatur und das Alter des Universums zu diesem Zeitpunkt mit 3000 Kelvin beziehungsweise rund 380 000 Jahren angeben. Außerdem kann man berechnen, um welchen Faktor sich das Universum von damals bis heute ausgedehnt hat. Die entsprechende Formel liefern wieder die FL-Modelle. Resultat: Das Universum ist auf das etwa 1100-fache angewachsen. Damit weiß man auch, dass sich die Planck-Kurve zu einer Strahlungstemperatur von rund 3 Kelvin verschoben haben muss, denn 3000 dividiert durch 1100 ergibt gerundet 2,7. Wenn also die Vorhersage von Gamow richtig war, dann sollte man heute einen allgemein nur 2,7 Kelvin warmen Strahlungshintergrund finden, mit einem Intensitätsmaximum bei einer Frequenz von 160 Gigahertz, was umgerechnet einer Wellenlänge von zirka zwei Millimetern entspricht. Wellenlängen dieser Größenordnung bezeichnet man als Mikrowellen. Infolgedessen hat diese Strahlung auch den Namen »kosmischer Mikrowellenhintergrund« erhalten.

Im Jahr 1964 war es dann endlich so weit. Bei den US-amerikanischen Bell-Telephone-Laboratories in Crawford Hill machten sich der Physiker Arno Penzias und der Radioastronom Robert Woodrow Wilson daran, die physikalischen Eigenschaften von Radiowellen aus den Randzonen der Milchstraße zu untersuchen. Sie benutzten dazu eine große, hornförmige Antenne, die bereits 1961 konstruiert worden war, um Radiowellenechos von einem Fernmeldesatelliten aufzufangen. Doch zunächst musste die Antenne getestet werden. Dabei registrierten die beiden Wissenschaftler ein schwaches Radio-

Abb. 27 Arno Penzias und Woodrow Wilson gelten als die Entdecker der kosmischen Hintergrundstrahlung. Die Aufnahme zeigt die beiden Wissenschaftler vor der Radioantenne, mit der sie die Strahlung im Jahr 1964 nachweisen konnten.

signal, das sie sich nicht erklären konnten und dessen Quelle nicht auszumachen war. Wie auch immer sie die Antenne drehten, das Signal war aus allen Richtungen zu empfangen und stets von gleicher Intensität. Eine Untersuchung des Empfängers und der nachgeschalteten Verstärker ließ keinen Fehler erkennen. In ihrer Not reinigten die beiden Forscher sogar die gesamte Antenne von altem Taubendreck in der Hoffnung, das »Störsignal« endlich loszuwerden – jedoch ohne Erfolg.

Schließlich erzählten sie dem Physiker Burke vom Massachusetts Institute of Technology von ihrem Problem. Burke fühlte sich jedoch nicht ausreichend kompetent und gab die Information weiter an Robert Henry Dicke, dem Leiter einer Forschungsgruppe an der Princeton University, die sich mit der von Gamow aufgestellten Urknalltheorie befasste. In Dickes Gruppe war man zu der Ansicht gelangt, dass der von Gamow vorhergesagte Strahlungsrest eine Strahlungstemperatur von rund zehn Kelvin haben sollte, und man hatte gerade damit begonnen, eine entsprechende Antenne zum Nachweis dieser Strahlung zu bauen. Doch wie sich jetzt herausstellte, waren Penzias und Wilson der Gruppe anscheinend zuvorgekommen: Die kosmische Hintergrundstrahlung war entdeckt. Spätere Untersuchungen, insbesondere mit dem Infrarotsatelliten COBE (Cosmic Background Explorer), ergaben dann, dass die Strahlung in der Tat ein Wellenlängenspektrum aufweist, das genau dem eines Körpers mit der Temperatur von 2,735 Kelvin entspricht.

Wie so oft hat auch diese Entdeckung ihre zwei Seiten. Für die Kosmologen war es der lange gesuchte Beweis, dass das Universum aus einem heißen Urknall hervorgegangen ist. Die konkurrierende Theorie eines unendlich alten, stationären Universums hatte damit endgültig ausgedient. Andererseits entbehrt die Geschichte nicht einer gewissen Ironie. Den Nobelpreis für Physik erhielten 1978 nämlich weder Gamow noch die Gruppe

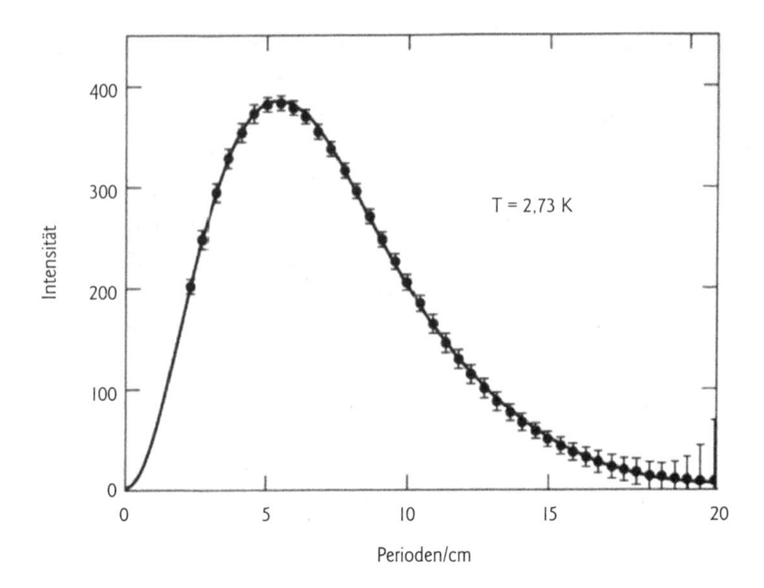

Abb. 28 Das vom Infrarotsatelliten COBE im Jahr 1989 aufgenommene Spektrum der kosmischen Hintergrundstrahlung. Die Messpunkte liegen innerhalb der Fehlergrenzen – senkrechte Balken, um den Faktor 400 vergrößert eingezeichnet – exakt auf der Planck'schen Strahlungskurve eines Körpers der Temperatur von 2,73 Kelvin. Mit diesem Ergebnis war auch der Beweis erbracht, dass unser Universum aus einem heißen Urknall hervorgegangen ist und sich im Lauf der Zeit aufgrund der Expansion auf eine Temperatur von 2,73 Kelvin abgekühlt hat.

um Dicke, sondern Penzias und Wilson, also die Forscher, die eher zufällig auf die Strahlung gestoßen waren und zunächst gar nicht wussten, was ihnen da in den Schoß gefallen war.

Mit der Lupe betrachtet

Doch zurück zu den Fragen der Wissenschaftler. Wieso kann die kosmische Hintergrundstrahlung Auskunft geben über den Ursprung der Strukturen im Universum? Zur Erklärung müssen wir etwas ausholen. Die Kraft im Universum, die dafür sorgt, dass sich Materie zusammenballt, ist die Gravitation. Damit sie sich auswirken kann, darf die Materie nicht völlig homogen im All verteilt sein. Es müssen örtlich gewisse minimale Dichteunterschiede vorhanden sein. Um Bereiche höherer Dichte wird die Gravitation auf Kosten der Umgebung immer mehr Materie zusammenziehen, bis schließlich massereiche Wolken entstehen, in denen sich Sterne bilden. Es stellt sich also die Frage: Gab es derartige Dichteunterschiede in der Materie des frühen Kosmos, und wie kann man sie gegebenenfalls nachweisen?

Als das Universum noch jung war, bestand die Materie aus einem heißen Plasma, einem Gemisch aus freien Elektronen negativer Ladung und positiv geladenen Protonen, eingebettet in einen Strahlungssee aus Photonen. Plasma und Strahlung waren dabei eng aneinander gekoppelt. Die Photonen wurden fortwährend an den Elektronen gestreut, und die Protonen und Elektronen zogen sich gegenseitig an. Fing sich dabei ein Proton ein freies Elektron ein, so wurde wieder ein Photon abgestrahlt. Andererseits ionisierten die Photonen die so entstandenen Wasserstoffatome wieder – ein Wasserstoffatom besteht aus einem Proton, das den Kern bildet, und einem Elektron –, wobei sie von den Atomen erneut absorbiert wurden. Aufgrund dieser wechselseitigen Reaktionen waren Strahlung und Materie im thermischen Gleichgewicht, sie wiesen also die gleiche Temperatur auf.

Wenn nun die Materie nicht überall gleich dicht gepackt war, sondern ihre Dichte in einigen Bereichen höher und in anderen Bereichen geringer als die mittlere Materiedichte ausfiel, dann lag auch die Temperatur der Materie in den dichteren Bereichen über und in den verdünnten Bereichen unterhalb der mittleren Materietemperatur. Man kann das mit einem Gas vergleichen. Wird es zusammengepresst, so erhöht sich die

Temperatur des Gases, expandiert dagegen das Gas, so kühlt es ab. Da wie schon gesagt Strahlung und Materie thermisch im Gleichgewicht waren, mussten auch die Photonen, die mit den Bereichen höherer beziehungsweise niedrigerer Materiedichte in enger Wechselwirkung standen, eine Temperatur oberhalb beziehungsweise unterhalb der mittleren Strahlungstemperatur annehmen. Erst als das Universum etwa 400 000 Jahre nach dem Urknall so weit abkühlte, dass die Energie der Photonen nicht mehr ausreichte, um die Elektronen von den Atomen zu trennen, entkoppelte sich die Strahlung von der Materie. Diesen Zeitpunkt bezeichnen die Astrophysiker auch als Rekombination, da sich Protonen und Elektronen erstmals zu Atomen vereinigten. Obwohl der Ausdruck »Rekombination« für dieses Ereignis gang und gäbe geworden ist, hat er hier eigentlich nichts zu suchen, denn Protonen und Elektronen waren vorher zu keiner Zeit aneinander gebunden, konnten also auch nicht getrennt werden, um sich dann, wie das Wort »Rekombination« suggeriert, wieder zu finden. Jedenfalls waren nach der Rekombination die Elektronen sozusagen aus dem Weg geräumt, und die Photonen konnten sich ungestört in alle Richtungen ausbreiten. Wenn es also winzige Dichteinseln im Meer der frühen Materie gegeben hat, dann musste sich das in der Hintergrundstrahlung bemerkbar machen. Es sollten sich Bereiche finden lassen, deren Strahlungstemperatur geringfügig über beziehungsweise unter der mittleren Strahlungstemperatur von 2,73 Kelvin liegt.

Schon die Messergebnisse des Satelliten COBE zeigten ein großflächiges Muster wärmerer und kälterer Flecken am Himmel. Mit nur ±30 Millionstel Kelvin fielen die Abweichungen vom 2,73 Kelvin warmen Strahlungshintergrund außerordentlich klein aus. Im Prinzip war damit schon bewiesen, dass es im frühen Universum Dichteschwankungen in der Materie gegeben hatte, die dann im Lauf der Zeit zu immer größeren Struk-

Abb. 29 Die in der Hintergrundstrahlung vermuteten Temperaturschwankungen auf dem vom Satelliten COBE vermessenen Himmel zeigen sich nicht auf den ersten Blick. Im Bild oben sorgt der Dopplereffekt dafür, dass die eine Hälfte eine insgesamt gleichmäßig höhere Temperatur hat als die andere. Der Dopplereffekt entsteht, weil wir uns zusammen mit der Milchstraße mit einer Geschwindigkeit von rund 600 Kilometern pro Sekunde durch den Photonensee in Richtung einer riesigen Massenansammlung (Großer Attraktor) im Raum bewegen. Beseitigt man diesen Anteil, so dominiert der Strahlungsanteil der Milchstraße, der sich quer über den gesamten Himmel erstreckt (Mitte). Erst nach Abzug dieser Störung zeigen sich deutliche Temperaturschwankungen von einigen Zehnmillionstel Kelvin in Form unterschiedlich warmer Flecken (unten).

turen heranwachsen konnten. Aber die Kosmologen waren überzeugt, der kosmischen Hintergrundstrahlung noch mehr entlocken zu können. Wenn es nämlich gelänge, die Winkelauflösung und die Empfindlichkeit der Instrumente zu steigern, dann könnte man Ausdehnung und Temperatur der warmen beziehungsweise kalten Flecken mit größerer Genauigkeit bestimmen und daraus eventuell ein Bild der Geometrie unseres Universums erstellen. Die maximale Winkelauflösung der COBE-Instrumente von sieben Grad war zu schlecht für dieses Vorhaben. Erst die im April 2000 am Südpol gestarteten Ballonexperimente »Boomerang« und »Maxima« mit einer Winkelauflösung von 0,5 Grad und die Ergebnisse von WMAP (Wilkinson Microwave Anisotropy Probe) im Jahr 2003 mit einer Winkelauflösung von etwa 0,2 Grad lieferten schließlich hinreichend präzise Daten. Wie man daraus auf die Krümmung unseres Universums schließen kann, ist jedoch nicht ganz einfach.

Architekten der Hintergrundstrahlung

Zunächst muss man verstehen, wie die Strukturen, das heißt die Bereiche, die sich in ihrer Temperatur geringfügig unterscheiden, in der kosmischen Hintergrundstrahlung zustande kommen. Drei Mechanismen sind dafür verantwortlich: der Sachs-Wolfe-Effekt, akustische Schwingungen und die Silk-Dämpfung.

Beim Sachs-Wolfe-Effekt spielt die Gravitation die entscheidende Rolle. Dort, wo die Materie stärker geklumpt war, als es der mittleren Materiedichte entsprach, hatten es die Photonen bei ihrer Entkopplung von der Materie schwerer zu entkommen, da sie die Anziehungskraft der Materie überwinden mussten. Die hierzu nötige Energie ging der Strahlung verloren, sodass sie kälter und damit langwelliger wurde als die mittlere Strahlungstemperatur. Physiker bezeichnen diesen Effekt als gravitative Rotverschiebung. In den Bereichen mit Dichten unterhalb der mittleren Materiedichte verhielt es sich genau umgekehrt. Hier war die Trennung von der Materie leichter als im Mittel, sodass die Photonen mehr Energie behielten. Ihre Wellenlänge war dementsprechend kürzer oder, mit anderen Worten, gravitativ ins Blaue verschoben.

Auch bei den akustischen Schwingungen spielt die Gravitation eine Rolle. Doch sie hat starke Kontrahenten. Entgegen dem Bestreben der Gravitation, Materie zusammenzuziehen, wird sie durch den Strahlungsdruck der Photonen und den bei der Verdichtung zunehmenden inneren thermischen Druck in der Materie wieder auseinander getrieben. Aufgrund dieses Wechselspiels gerät die Materie ins Schwingen. Da diese Schwingungen die Plasmawolken ähnlich durchlaufen wie Schallwellen die Luft, bezeichnet man sie auch als akustische Schwingungen. Wie im Medium Luft erzeugen diese Wellen relativ zum mittleren Druckniveau Bereiche erhöhten beziehungsweise verminderten Druckes. Bei einer Druckerhöhung wird das Medium komprimiert, und die Temperatur von Materie und Strahlung steigt, wogegen ein Nachlassen des Druckes die Temperatur absenkt. Die von den »Boomerang«- und WMAP-Detektoren beobachteten warmen und kalten Flecken in der Hintergrundstrahlung sind das Ergebnis dieses Spiels.

Die Silk-Dämpfung ist eine die Dichteunterschiede zerstörende Komponente. Sie wirkt sich besonders auf kleine, relativ eng benachbarte Plasmawolken unterschiedlicher Dichte aus. Da in einem Plasma Photonen und Elektronen stark miteinander wechselwirken, können sich die Photonen nicht unabhängig von der Materie bewegen. Materieteilchen und Strahlung sind praktisch aneinander gefesselt. Fließen Photonen von Bereichen höherer Temperatur in benachbarte Bereiche niedrigerer Temperatur, so nehmen sie die Materie mit und egalisieren damit die Dichteunterschiede. Das geht besonders schnell bei Plasmawolken geringer Ausdehnung. Da dort die Wege relativ kurz sind, dauert es nicht lange, bis die Photonen den Rand der Wolken erreichen und diese anschließend verlassen. Die Materie, die sie dabei mitführen, lässt die Wolken mehr und mehr zerfließen.

Die Materie schwingt

Mit den Schallwellen müssen wir uns noch etwas eingehender beschäftigen. Wie bei elektromagnetischen Wellen spricht man auch bei Schallwellen von einer Schwingungsfrequenz, das heißt von der Anzahl der Schwingungen pro Sekunde. Je höher die Frequenz, desto kürzer ist die Wellenlänge der Schallschwingung. In den Plasmawolken des frühen Universums regte das Wechselspiel zwischen Gravitation und Strahlungsdruck aber nicht nur Wellen einer Wellenlänge an, sondern auch Oberwellen. Man kann das mit einer Geige vergleichen, bei der eine Saite angestrichen wird. Dabei schwingt die Saite im so genannten Grundton mit der in Abhängigkeit von der Länge der Saite größten möglichen Wellenlänge beziehungsweise niedrigsten Frequenz. Diese Schwingung überträgt sich auf den Resonanzkörper des Musikinstruments und wird dadurch verstärkt. Doch neben der Grundschwingung werden in der Geige zusätzliche so genannte Obertöne mit der zwei-, dreioder mehrfachen Frequenz des Grundtons angeregt. Die Wellenlängen des ersten, zweiten oder noch höheren Obertons sind dabei auf die Hälfte, auf ein Drittel oder auf einen noch kleineren Bruchteil der Wellenlänge der Grundschwingung verkürzt.

Zwar ist das Beispiel mit der Geigensaite recht anschaulich, doch auf die Schallwellen, mit denen wir uns ja hier beschäftigen wollen, bezogen, ist es keine glückliche Wahl. Eine Saite führt nämlich eine Transversalschwingung aus, das heißt, sie wird beim Schwingen senkrecht zu ihrer Längsrichtung ausgelenkt. Schallwellen sind jedoch Longitudinalwellen: Sie breiten sich nicht senkrecht zu, sondern längs einer Luftsäule aus. Wie bereits geschildert, erzeugen sie dabei in der Säule Bereiche verdichteter beziehungsweise verdünnter Luft mit einer relativ zur mittleren Temperatur erhöhten beziehungsweise verminderten Temperatur. Bestes Beispiel sind Pfeifen, die an einem Ende angeblasen werden, wie sie beispielsweise bei Orgeln Verwendung finden. An den Überlegungen zur Art, wie die Luftsäule schwingt, ändert sich aber nichts. Auch bei einer Pfeife hat man es mit einer Grundschwingung, dem Grundton, und den entsprechenden Oberschwingungen, den Obertönen, zu tun.

Interessant ist nun, wie sich die akustischen Schwingungen unterschiedlicher Wellenlänge im Plasma auswirken. Betrachten wir zunächst die Grundschwingung, die Schwingung mit der größten Wellenlänge, und fragen uns, wodurch deren Wellenlänge festgelegt ist. In einem Medium breiten sich Schallwellen mit der für das Medium charakteristischen Schallgeschwindigkeit aus. Im Plasma des frühen Universums ist das in guter Näherung die Lichtgeschwindigkeit, geteilt durch die Wurzel aus der Zahl 3, also dividiert durch 1,73. Für ihre Ausbreitung blieb der Welle aber nur begrenzt Zeit, nämlich beginnend mit dem Urknall und endend mit der Rekombination der Atomkerne und der Elektronen zu neutralen Atomen. Das sind rund 380 000 Jahre. Ab da kamen die Schwingungen zum Erliegen, weil durch die Abkopplung der Photonen von der Materie der Strahlungsdruck, der die Materie nach einer Verdichtung durch die Gravitation wieder auseinander trieb, wegfiel. Später hatte im Wesentlichen nur noch die Gravitation Einfluss auf die Plasmawolken. Die Wellenlänge der Grundschwingung ist demnach gleich dem Produkt Schallgeschwindigkeit mal 380 000 Jahre, was als Resultat rund 220 000 Lichtjahre ergibt. Man bezeichnet diese Länge auch als den Schallhorizont. Die größten zu einer Schwingung angeregten Plasmawolken waren also gerade so groß, dass die Welle des Grundtons sie in 380 000 Jahren durchlaufen konnte. Befand sich die Wolke beim Einsetzen der Schwingung im Zustand größter Verdünnung beziehungsweise Verdichtung, so war das Plasma am Ende der Schwingung maximal verdichtet beziehungsweise verdünnt. Längere Wellen als die Grundschwingung konnten sich nicht entfalten, weil schlicht die Zeit für deren Ausbreitung zu kurz war. Größere, ursprünglich verdünnte Bereiche vermochten in dieser Zeit keinen entsprechenden Gegendruck aufzubauen, der sie wieder auseinander trieb, und in den ursprünglich verdichteten Bereichen hatte die beginnende Verdünnung den Photonendruck noch nicht so weit verringert, dass die Gravitation sich erneut durchsetzen konnte.

Nun zu den Oberschwingungen. Die Wellenlänge der ersten Oberschwingung ist nur halb so groß wie die der Grundschwingung. Demnach konnten diese Wellen halb so ausgedehnte Bereiche wie die Plasmawolken der Grundschwingung in der gleichen Zeit zweimal durchlaufen. Halb so große Wolken wie die des Grundtons oszillierten folglich doppelt so schnell. Das Plasma dieser Wolken wurde also – geht man von einem Anfangszustand größter Verdünnung aus – zunächst maximal verdichtet und anschließend wieder maximal verdünnt. Bei der zweiten Oberwelle passierte das Gleiche. Die Wellenlänge ist nun nur noch ein Drittel der Wellenlänge der Grundschwingung und konnte einen Bereich von einem Drittel der Größe der durch die Grundschwingung angeregten Areale dreimal durchlaufen, wobei das Plasma zunächst verdichtet, dann verdünnt und abschließend wieder maximal verdichtet wurde. Nach diesem Prinzip versetzen noch höhere

Obertöne immer kleinere Bereiche in stetig schnellere Schwingungen.

Natürlich geraten auch Plasmabereiche, die nicht exakt die Ausdehnung haben, die der Länge einer Oberwelle entspricht, in Schwingungen. Zum Zeitpunkt der Rekombination befin-

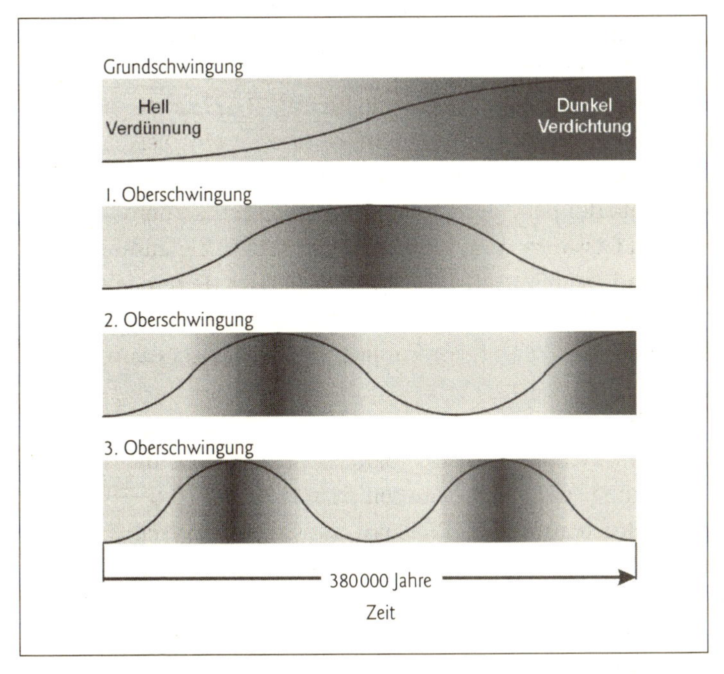

Abb. 30 Durch das Wechselspiel zwischen Gravitation und Strahlungsdruck wird die Materie in der Zeit zwischen dem Urknall und der Rekombination in Schwingungen versetzt. Diese Schwingungen durchlaufen die Plasmawolken ähnlich wie Schallwellen die Luft. Neben der Grundschwingung treten auch Oberschwingungen mit einem Vielfachen der Wellenlänge der Grundschwingung auf. Wie im Medium Luft erzeugen die Wellen Bereiche, in denen die Materie relativ zur mittleren Plasmadichte verdünnt beziehungsweise verdichtet ist, was gleichbedeutend ist mit einer erhöhten beziehungsweise verringerten Materietemperatur. Beginnen die Schwingungen in einem relativ zur mittleren Dichte gerade maximal verdünnten Bereich, so hinterlässt die Grundschwingung die Materie zum Zeitpunkt der Rekombination im Zustand maximaler Verdichtung. Die ungeradzahligen Oberschwingungen führen zu Verdünnungen und die geradzahligen wieder zu Verdichtungen.

den sie sich jedoch in einem Zustand, der nicht die maximale Verdichtung beziehungsweise Verdünnung aufweist, sondern irgendwo dazwischen.

Doch es sei noch einmal wiederholt: Nach 380 000 Jahren hatte all das Schwingen ein Ende. Zu diesem Zeitpunkt war das Plasma in den zu Schwingungen angeregten Arealen, je nachdem, ob diese mit der Frequenz der Grund- oder einer der Oberschwingungen oszillierten, gerade maximal verdichtet beziehungsweise verdünnt – das heißt, es hatte eine Temperatur, die höher beziehungsweise niedriger war als die mittlere Plasmatemperatur. Auf diese Weise entstand im Plasma ein Muster unterschiedlich ausgedehnter Flecken erhöhter beziehungsweise verringerter Dichte, das sich in der Hintergrundstrahlung als Temperaturmuster bemerkbar machen sollte. Mit speziellen Detektoren, die für die im infraroten Bereich liegende kosmische Hintergrundstrahlung empfindlich sind, kann man dieses Muster sichtbar machen.

Leistungsspektrum

Von allen Experimenten zur Erforschung der Hintergrundstrahlung hatte der Satellit WMAP die empfindlichsten Detektoren mit der höchsten räumlichen Auflösung an Bord. Dementsprechend detailreich war auch das von WMAP zur Erde gefunkte Bild des in sämtliche Richtungen abgetasteten Himmels.

Wie ein Puzzle zeigt es kältere und wärmere Flecken unterschiedlicher Größe, die mehr oder weniger dicht beisammenstehen. Um jedoch aus dieser »Landkarte« der Temperaturschwankungen die Geometrie unseres Universums ablesen zu können, ist noch etwas Arbeit vonnöten. Man muss das Bild erst in ein so genanntes Leistungsspektrum umwandeln, also in eine

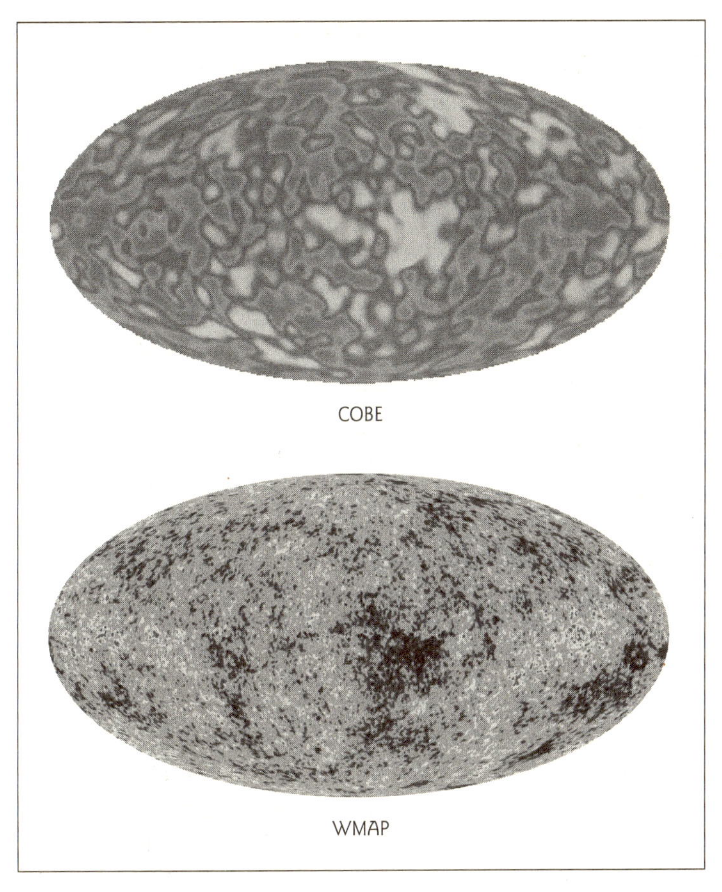

Abb. 31 Während der Satellit COBE nur relativ grobe Strukturen in der Hintergrundstrahlung erkennen konnte, werden auf den Bildern des WMAP-Satelliten auch feine Details sichtbar. Das deutlich höhere Auflösungsvermögen der WMAP-Instrumente erlaubt folglich auch eine genauere Bestimmung der kosmologischen Parameter.

Grafik, welche die Abweichungen von der mittleren Strahlungstemperatur des Mikrowellenhintergrunds in Abhängigkeit von der Fleckengröße wiedergibt. Wie geht das? Man schiebt dazu ein quadratisches Fenster mit einer bestimmten Winkelgröße schrittweise über das gesamte Bild und bestimmt in jedem Fenster die Abweichung der Temperatur von der mittleren Temperatur der Hintergrundstrahlung. Dann mittelt man über die Temperaturabweichungen aller Fenster und bestimmt, um wie viel dieser Mittelwert von der mittleren Temperatur der Hintergrundstrahlung abweicht. Da die Differenz positiv oder auch negativ ausfallen kann, quadriert man diesen Wert, um immer eine positive Größe zu erhalten, und trägt das Ergebnis in einem Diagramm gegen die Winkelgröße des Fensters auf. Dieser Vorgang wird mit immer kleineren Fenstern wiederholt, bis schließlich die durch die Auflösung des Satelliten festgelegte minimale Fenstergröße erreicht ist. Da die Auflösungsgrenze der WMAP-Detektoren bei etwa 0,2 Grad lag, entspricht das einer Fenstergröße von ungefähr einem Drittel der Vollmondscheibe. Als Ergebnis dieser Prozedur erhält man das Leistungsspektrum der Temperaturschwankungen, eine charakteristische, steil zu einem Maximum ansteigende Kurve, die über mehrere sich stetig verringernde Sekundärmaxima wieder abfällt.

Analysieren wir kurz, was das Leistungsspektrum verrät. Da die Grundschwingung die stärkste Schwingung mit der größten Verschiebung der Teilchen aus ihrer mittleren Ruhelage darstellt, repräsentiert das absolute Maximum – der höchste Peak – die durch den Grundton in der Materie hervorgerufenen Veränderungen. Die Lage des Peaks bei etwa einem Grad zeigt an, dass die durch die Grundschwingung angeregten Bereiche eine Ausdehnung von etwa einem Grad am Himmel haben, also ungefähr doppelt so groß sind wie die Scheibe des Vollmonds. Die nachfolgenden niedrigeren Maxima bei kleineren Winkeln gehören zu den Dichteschwankungen, die durch den ersten, zweiten etc. Oberton erzeugt werden.

Dass alle Maxima ein positives Vorzeichen besitzen, obwohl die verschiedenen Wellen abwechselnd maximal verdichtete beziehungsweise maximal verdünnte Plasmawolken mit einer

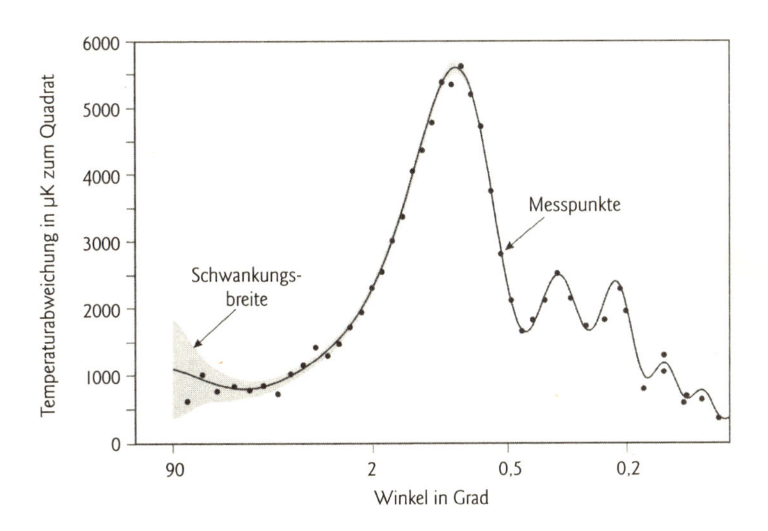

Abb. 32 Das Leistungsspektrum der Temperaturfluktuationen im Mikrowellenhintergrund zeigt die Abweichungen vom Termperaturmittel in Abhängigkeit von der Winkelausdehnung der betrachteten Bereiche. Das zentrale Maximum der Kurve entspricht der durch das Wechselspiel von Gravitation und Druck angeregten Grundschwingung in der ionisierten Materie des frühen Universums. Aus der Position des Maximums im Leistungsspektrum bei einem Grad ergibt sich, dass unser Universum flach sein sollte.

Temperatur über beziehungsweise unter dem Temperaturmittel hinterlassen haben, darf nicht verwundern, denn es wurden ja immer die Quadrate der Temperaturdifferenzen aufgetragen, und die sind stets positiv.

Wie aus der Grafik ersichtlich, werden die Maxima zu höheren Obertönen immer flacher und verschwinden schließlich ganz. Die Wellenlängen der Obertöne sind hier bereits so klein, dass sie in der Materie zerlaufen. Das hängt damit zusammen, dass sich Schallwellen durch den Zusammenstoß von Teilchen fortpflanzen. Ist jedoch die freie Weglänge der Teilchen – also die Strecke, über die sich Teilchen frei bewegen können, ehe sie mit einem anderen Teilchen zusammentreffen – größer als die Wellenlänge der Schallwelle, so können sich keine Verdichtungen beziehungsweise Verdünnungen mehr entwickeln, und die Welle stirbt ab. Das ist die bereits erwähnte Silk-Dämpfung, die in der Materie vorhandene Dichteschwankungen austariert.

Plasmawolken, die sich über Bereiche erstreckten, die größer als der Schallhorizont waren, wurden nicht zu akustischen Schwingungen angeregt. Wie schon erwähnt, beruht das darauf, dass sich der für eine Schwingung nötige Druck in derart großen Wolken nicht aufbauen konnte. Die Ausbreitungsgeschwindigkeit der Schallwellen war einfach zu klein, als dass sie so ausgedehnte Wolken in der zur Verfügung stehenden Zeit von 380 000 Jahren hätten durchlaufen können. Für die relativ schwach ausgeprägten Dichteschwankungen auf großen Skalen waren daher nur ursprünglich vorhandene, winzige Dichtefluktuationen verantwortlich, die im Lauf der Zeit durch die gegenseitigen Anziehungskräfte innerhalb der Materie noch etwas verstärkt wurden. Nach der Rekombination beeinflusste dann nur der Sachs-Wolfe-Effekt die Strahlungstemperatur der aus den unterschiedlich dichten Bereichen entweichenden Photonen.

Damit ist das Leistungsspektrum klar gegliedert. Im Bereich großer Winkel bestimmt der Sachs-Wolfe-Effekt das Aussehen, im Winkelbereich zwischen 0,1 und 1 Grad dominieren die akustischen Schwingungen, und bei noch kleineren Winkeln sorgt die Silk-Dämpfung für eine zunehmende Nivellierung der Temperatur- und Dichteunterschiede. Heute ist man ziemlich sicher, dass diese Dichteschwankungen die Keime für die spätere Ausbildung der Strukturen, der Galaxien und Galaxienhaufen im Kosmos darstellen.

Ein Spiegel des Kosmos

Wie sich das Universum seit seiner Geburt entwickelt hat, hängt stark von einer Reihe kosmologischer Parameter ab. Dazu gehören insbesondere die Hubble-Konstante H_0 und der Dichteparameter Ω des Universums. Wie schon mal erwähnt, setzt sich Ω im Wesentlichen aus den Dichteparametern Ω_M der Materie und Ω_Λ der Dunklen Energie zusammen, wobei zu Ω_M sowohl die baryonische als auch die nichtbaryonische Materie beitragen. Dass von Ω_Λ bisher noch nicht die Rede war, soll uns jetzt nicht stören, wir kommen noch ausführlich auf diese Größe und die ihr zugrunde liegende Dunkle Energie zu sprechen. In der kosmischen Hintergrundstrahlung sind diese Parameter für die so genannten primären Temperaturanisotropien aus der Epoche der Rekombination verantwortlich, das heißt, hauptsächlich diese Parameter prägen das Bild des Leistungsspektrums.

Primäre Anisotropien sind jedoch nur ein Teil der in der Hintergrundstrahlung verborgenen kosmologischen Information. Daneben treten noch sekundäre Anisotropien auf, die aus der Zeit nach der Rekombination stammen. Mit Temperaturschwankungen, die etwa zehnmal kleiner sind als die der primären Anisotropien, tragen auch sie zum Aussehen des Leistungsspektrums bei. Sekundäre Anisotropien entstehen, wenn Photonen auf dem Weg zu uns ausgedehnte Materieansammlungen durchwandern. Dabei wird die Strahlungstemperatur sowohl durch den Einfluss der Gravitation auf die Photonen als auch durch die Streuung der Photonen an Elektronen verändert. Da die Amplituden der sekundären Anisotropien so klein sind, bedarf es jedoch sehr empfindlicher Experimente, um sie aus dem allgemeinen galaktischen und intergalaktischen Hintergrundstörpegel herausfiltern zu können.

Wie gesagt: Primäre wie sekundäre Temperaturanisotropien reflektieren das Leistungsspektrum und bestimmen sein Erscheinungsbild sowie seine spezielle Form. Spektren, die mit unterschiedlichen Werten für diese Größen berechnet werden, zeigen, dass sich bei einer Variation der einzelnen Parameter sowohl die Lage der Maxima und zudem deren absolute und relative Höhe wie auch deren gegenseitige Abstände stark verändern. Beispielsweise verschiebt sich das erste Maximum zu immer kleineren Winkeln, wenn man den Wert für die Energiedichte im Universum verkleinert. Auch die Amplituden der Peaks reagieren empfindlich auf Variationen der Baryonendichte. So wachsen die ungeradzahligen Maxima des Leistungsspektrums – also das erste, das dritte, das fünfte etc. – mit steigender Dichte immer höher hinauf, und gleichzeitig reduziert sich die Höhe der geradzahligen Maxima, also die des zweiten Peaks, des vierten etc.

Für die Theoretiker ist eine genaue Kenntnis der kosmologischen Parameter von großer Bedeutung, denn der Wert ihrer Theorien bemisst sich ja daran, wie präzise die darin vorkommenden Größen ermittelt wurden. Aussagen, wie sie aus den FL-Gleichungen bezogen werden, beispielsweise über das Alter des Universums, die Krümmung des Raumes oder den zeitlichen Verlauf der Expansion des Kosmos, sind mit umso größeren Fehlern behaftet, je ungenauer die Vorstellung von den kosmologischen Parametern ist. Unsicherheiten von zig Prozent waren bis vor kurzem noch üblich. Dementsprechend vage waren die Kenntnis über das Geschehen vom Urknall bis heute und die Vorhersage für die Zukunft.

Dank des Leistungsspektrums hat sich das mittlerweile geändert. Denn wenn die kosmologischen Parameter dem Leistungsspektrum ihren Stempel aufdrücken, dann sollte es umgekehrt auch möglich sein, aus dem gemessenen Leistungsspektrum die Werte dieser Größen abzuleiten. Hierin liegt einer der wesentlichen Gründe der Erforschung der kosmischen Hintergrundstrahlung. Je genauer man diese vermessen kann, desto kleiner sind die Fehlergrenzen der daraus abgeleiteten Parameter. Dabei kommt es insbesondere auf die Struktur des Leistungsspektrums bei kleinen Winkeln an. Der Satellit COBE vermochte gerade noch Bereiche mit einer Winkelausdehnung von 7 Grad zu erkennen. Am Himmel sind das Flecken von der Größe Bayerns. Mit den Experimenten »Boomerang«, »Maxima« und WMAP, deren Auflösungsvermögen bei 0,5 beziehungsweise 0,2 Grad lag, konnte man die Werte der kosmologischen Parameter inzwischen stark eingrenzen. Und wenn der nach dem bedeutenden Physiker Max Planck benannte ESA-Satellit (ESA = European Space Agency) im Jahr 2007 startet und den Himmel mit einer Winkelauflösung von etwa 0,08 Grad abtastet, wird man über Himmelskarten verfügen, die zirka fünfzigmal genauer und zehnfach detaillierter sind als die von COBE.

Offen, geschlossen oder flach?

Kehren wir zurück zur Geometrie des Universums, über die uns die kosmische Hintergrundstrahlung Auskunft geben soll: Ist es offen, ist es flach, oder ist es geschlossen? Um das zu entscheiden, braucht man eine weit entfernte definierte physikalische Länge am Himmel, die einerseits im Leistungsspektrum auftaucht und von der man andererseits berechnen kann, unter welchem Winkel in Abhängigkeit von der Geometrie des Universums sie von der Erde aus zu betrachten sein sollte. Diese Länge kennen wir bereits. Es ist die Ausdehnung der größten durch akustische Schwingungen noch angeregten Plasmawolken. Wie oben geschildert, ist diese Länge gleich dem Schallhorizont, der größten Wegstrecke, welche die Schall-

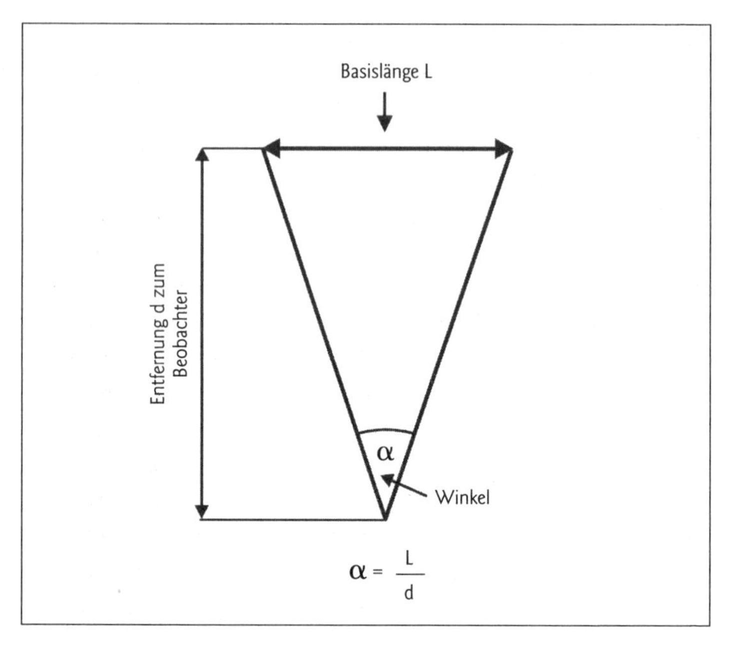

Abb. 33 Der Winkel α, unter dem ein Beobachter die Länge L der Basis sieht, hängt ab von der Entfernung d zwischen Basis und Beobachter.

welle des Grundtons bis zum Zeitpunkt der Rekombination zurücklegen konnte, also 220 000 Lichtjahre.

Zur Berechnung des Winkels, unter dem man diese Länge auf der Erde beobachten kann, stellt man sich nun ein gleichschenkliges Dreieck vor mit dieser Länge als Basis und den zwei gleich langen Strecken vom Beobachtungspunkt zu den beiden Enden der Basis als Schenkel des Dreiecks.

Da sich das Universum seit der Rekombination jedoch etwa um den Faktor 1100 ausgedehnt hat, ist natürlich auch die Länge der Basis mitgewachsen. Ihre heutige Größe am Himmel lässt sich leicht berechnen, ebenso die Länge der beiden Dreiecksschenkel. Fasst man alles zusammen, so zeigt sich, dass der Winkel an der Spitze des Dreiecks nur noch von der Energiedichte im Universum und dem Vergrößerungsfaktor des Kosmos seit der Rekombination abhängt. Für ein flaches Universum mit $\Omega = 1$ erhält man für diesen Winkel einen Wert von rund 1 Grad.

Ist unser Universum flach, so sollte dieser berechnete Winkel mit dem beobachteten Winkel, das heißt mit der Lage des ersten Maximums im Leistungsspektrum, übereinstimmen. Nicht so jedoch in einem offenen oder in einem geschlossenen Universum. In einem flachen Universum, also einem Universum ohne Krümmung, beträgt die Summe der Winkel in einem Dreieck 180 Grad. Das gilt für alle Dreiecke, die man zum Beispiel auf ein ebenes Blatt Papier zeichnet. Die Geometrie auf ebenen Flächen bezeichnet man auch als euklidisch, mit dem besonderen Merkmal, dass sich zwei parallele Geraden niemals schneiden. Auf einer Kugelfläche, also einer positiv gekrümmten oder geschlossenen Fläche, sieht die Sache anders aus. Dort ist die Winkelsumme eines Dreiecks immer größer als 180 Grad, und parallele Geraden können sich sehr wohl schneiden. An einem Globus lässt sich das gut demonstrieren. Verfolgt man zwei Längengrade vom Äquator bis zum Pol, so sieht man, dass die am Äquator noch parallel laufenden Linien sich am Pol schneiden. Außerdem betragen die Winkel zwischen den Längengraden und dem Äquator jeweils 90 Grad, sodass allein die Summe dieser beiden Winkel schon 180 Grad ergibt. Mit anderen Worten: In einem geschlossenen Universum mit positiver Krümmung müssten wir die Temperaturflecken unter einem größeren Winkel als 1 Grad sehen. Nun ahnt man es schon – in einem offenen Universum mit negativer Krümmung ist die Winkelsumme in einem Dreieck stets kleiner als 180 Grad, und die Flecken sollten uns unter einem Winkel kleiner als 1 Grad erscheinen.

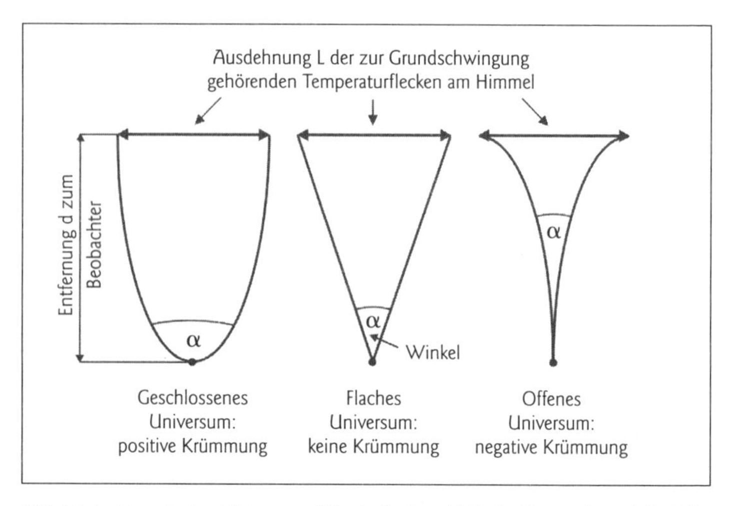

Abb. 34 In einem flachen Universum (Mitte) gilt die euklidische Geometrie, und die Winkelsumme in einem Dreieck beträgt 180 Grad. Eine Struktur der Länge L in der Entfernung d sieht ein Beobachter unter dem Winkel $\alpha = L/d$. In einem geschlossenen Universum (links) ist die Winkelsumme in einem Dreieck größer und in einem offenen Universum (rechts) kleiner als 180 Grad. Ein Beobachter sieht daher die Länge L unter einem größeren beziehungsweise kleineren Winkel als in einem flachen Universum.

Und was zeigt das Leistungsspektrum, diese eigentümliche Kurve, die das Ergebnis jahrelanger Vermessungen der kosmischen Hintergrundstrahlung darstellt? Es zeigt, dass die Bereiche, welche die Schallwelle des Grundtones gerade einmal komprimieren konnte und die das erste Maximum in der Kurve hervorrufen, eine Winkelausdehnung von 1 Grad haben. Damit ist alles entschieden: Unser Universum ist flach, und sein Dichteparameter Ω ist gleich 1!

Um der Wahrheit jedoch Genüge zu tun, sei angemerkt, dass die Aussage, Ω sei gleich 1, gegenwärtig noch einen kleinen Spielraum für einen anderen Ω-Wert offen lässt. Aufgrund des eingeschränkten Auflösungsvermögens der WMAP-Sonde konnte man Ω anhand des Leistungsspektrums nämlich nicht exakt auf 1 festlegen, sondern nur auf 1,02 ± 0,02. Das ist eine Fehlerspanne von gerade einmal zwei Prozent. Und auch die aus den relativen Höhen der Maxima abgeleiteten Dichteparameter für die Materie Ω_M und den Anteil Ω_B der baryonischen Materie sind noch mit einem kleinen Fehler behaftet. Für Ω_M erhielt man den Wert 0,27 ± 0,04 und für Ω_B den Wert 0,046 ± 0,002. Vergleicht man die beiden letzten Werte mit den im Kapitel über die Dunkle Materie aus den Untersuchungen an Galaxienhaufen und Spiralgalaxien erhaltenen Ergebnissen, so fällt die Übereinstimmung aber sehr zufrieden stellend aus. Von den ab 2007 zu erwartenden Messergebnissen des bereits erwähnten Planck-Satelliten erhoffen sich die Wissenschaftler eine nochmalige deutliche Verkleinerung der Fehlergrenzen.

Dunkle Energie

Kosmologen würden vermutlich den entscheidenden Satz: »Unser Universum ist flach«, so nicht stehen lassen, sondern ihn zurückhaltender formulieren wollen: »Nach allem, was wir bisher wissen, scheint unser Universum mit großer Wahrscheinlichkeit flach zu sein.« Das mag etwas spitzfindig klingen, aber Kosmologen sind nun mal nach all den Überraschungen, die sie mittlerweile erlebt haben, vorsichtig geworden. Sie wollen nicht ausschließen, dass etwas übersehen oder nicht richtig aufgefasst wurde. Zwar hat man so gewissenhaft wie möglich gearbeitet, die neuesten Erkenntnisse einfließen lassen, die Naturgesetze berücksichtigt – aber wer weiß schon, was uns an Entdeckungen noch bevorsteht? Wer wagt schon zu behaupten, dass die Theorien, auf die sich die Interpretationen stützen, die Wirklichkeit getreu wiedergeben? Kann man da etwas anderes sagen als: »Nach allem, was wir bisher wissen ...« – aber so weit waren wir ja schon.

Also nochmals: Nach allem, was bisher bekannt ist, ist das Universum flach. Man sieht diesem simplen Satz nicht an, dass er eine gewaltige Sprengkraft birgt und die Kosmologen in eine tiefe Krise stürzt. Erinnern wir uns: In einem flachen Universum hat der Dichteparameter Ω den Wert 1. Im Kapitel über die Dunkle Materie haben wir erfahren, dass die gesamte Materie im Universum, das heißt alles, was an leuchtender und unsichtbarer baryonischer Materie zu finden ist, plus der etwa zehnmal so großen Menge an nichtbaryonischer Dunkler Materie, nur etwa 30 Prozent der kritischen Dichte ρ_c ausmacht. Das gleiche Ergebnis lieferte auch die Analyse des Leistungsspektrums. Man konnte daher $\Omega = \Omega_M = 0{,}3$ setzen. $\Omega = 1$ heißt aber, dass der Energieinhalt des Universums gleich ρ_c ist. Demnach fehlen von ρ_c noch rund 70 Prozent! Damit das Universum flach wird, muss also zur Materiedichte ρ_M noch eine Komponente hinzukommen, welche wir einmal ρ_Λ nennen wollen und welche die restlichen 70 Prozent des Energiebudgets des Universums repräsentiert. Erst dann gilt: $\rho_M + \rho_\Lambda = \rho_c$. Teilt man alle Glieder dieser Gleichung durch ρ_c, so erhält man den Ausdruck $\rho_M/\rho_c + \rho_\Lambda/\rho_c = 1$. Der erste Term dieser Gleichung ist uns bereits als Dichteparameter Ω_M gut bekannt. Auch der zweite Term ist ein Dichteparameter, den wir analog zu Ω_M als Ω_Λ kennzeichnen wollen und der den Wert 0,7 haben muss, um die obige Gleichung aufgehen zu lassen. Damit gelangt man schließlich zu dem Ausdruck: $\Omega = \Omega_M + \Omega_\Lambda = 0{,}3 + 0{,}7 = 1$.

Mit dieser »Manipulation« gelingt es zwar, rein mathematisch Ω von 0,3 auf 1 aufzustocken, so wie es in einem flachen Universum sein muss, doch was ρ_Λ und Ω_Λ zu bedeuten haben, bleibt im wahrsten Sinne des Wortes im Dunkeln, denn direkt zu sehen ist davon nichts. Fragt sich also, was das für ein »Stoff« ist, der sich hinter dem ρ_Λ verbirgt und aus dem unser Universum zu 70 Prozent bestehen soll. Materie ist es sicher nicht, denn die steckt schon im ρ_M. Was aber dann? Nach dem von Einstein formuliertem Äquivalenzprinzip sind Materie und Energie im Prinzip das Gleiche, sie unterscheiden sich nur in ihrer Form, und beide tragen zum Energiehaushalt des Universums bei. Wenn es aber keine Materie ist, so kann es sich vermutlich nur um Energie handeln! Doch von welcher Art diese Energie ist und woher sie kommt, ist völlig rätselhaft. Aus diesem Grund haben ihr die Forscher auch den Namen »Dunkle Energie« gegeben. Im Prinzip ist das so, als könnten wir uns unter dem Wort »Wasser« rein gar nichts vorstellen, obwohl dieser Stoff doch rund 70 Prozent der Erdoberfläche bedeckt.

Mit der Dunklen Energie ist das Universum noch geheimnisvoller geworden, als es ohnehin schon war. Einigermaßen vertraut sind wir lediglich mit der baryonischen Materie, den Protonen, Neutronen und Elektronen, aus denen alles aufgebaut ist, was im Universum auf die eine oder andere Weise leuchtet. Insgesamt sind das ganze 4 Prozent von ρ_c. Im sichtbaren Bereich des elektromagnetischen Spektrums sind es gar nur rund 0,4 Prozent, die man in Form von Sternen und Galaxien direkt sehen kann. Nimmt man den Anteil der nichtbaryonischen Dunklen Materie hinzu, so erhöht sich die Materiedichte auf rund 30 Prozent von ρ_c. Als von der Dunklen Energie noch nicht die Rede war, konnte man also behaupten, man kenne knapp 15 Prozent der Substanz unseres Universums. Doch jetzt stellt sich heraus, dass wir höchstens über 4 bis 5 Prozent davon, was unser Universum ausmacht, Bescheid wissen. Der Rest, rund 95 Prozent, ist uns völlig unbekannt!

Für die Wissenschaft ist das natürlich eine äußerst unbefriedigende Situation. Für die Wissenschaftler selbst könnte es dagegen von Nutzen sein. Man hat ja schon sagen hören, dass die Kosmologie nach all den Entdeckungen zum Urknall und zur Entwicklung des Kosmos zu einem Abschluss gelangt sei und

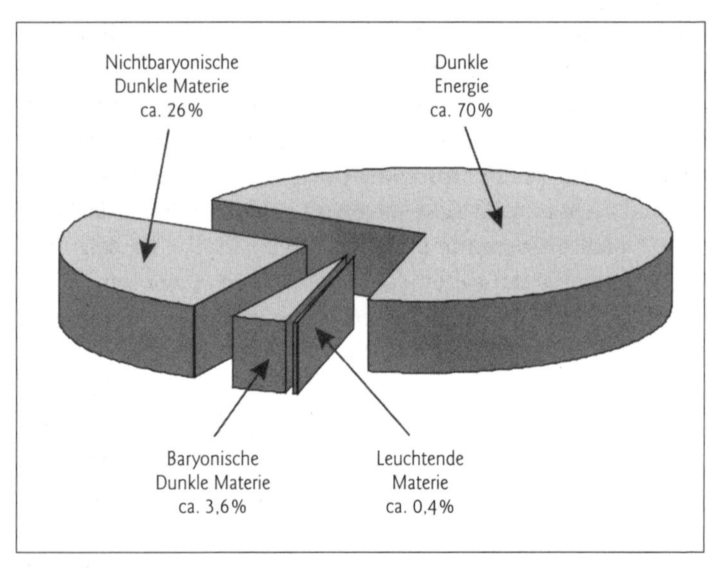

Abb. 35 Glaubte man vor etwa zwei Jahrzehnten, das Universum bestehe vornehmlich aus Materie, so herrscht heute die Überzeugung vor, dass die Materie nur rund 30 Prozent des Energiehaushalts ausmacht. Die restlichen 70 Prozent, die nötig sind, um das Universum flach zu machen, sind Dunkle Energie. Direkt sehen kann man von all dem nur die 0,4 Prozent leuchtende Materie, die sich uns in Form von Sternen und Galaxien zeigt.

es auf diesem Feld wohl nichts Umwerfendes mehr zu entdecken gebe. Und Spötter haben den Kosmologen schon mal geraten, sich beizeiten nach einem anderen Beruf umzusehen. Doch mit der Feststellung, dass das Universum flach ist und zu 70 Prozent aus Dunkler Energie besteht, hat sich das Blatt gewendet. Die Kosmologie als Wissenschaft vom ganzen Universum steht heute vor der gewaltigen Aufgabe, herauszufinden, woraus sich das Universum im Wesentlichen zusammensetzt. Jetzt geht es um Grundfragen nicht nur der Kosmologie, sondern der Physik insgesamt. Nicht nur dass man erklären muss, aus was die Dunkle Materie besteht, sondern es gilt auch das Problem zu lösen, was man sich unter der völlig ominösen

Dunklen Energie vorzustellen hat. Die Kosmologie allein ist dazu nicht in der Lage. Insbesondere die Teilchenphysik ist hier gefordert, mit neuen Denkansätzen beizutragen und mit leistungsfähigen Teilchenbeschleunigern vermutete exotische Materie aufzuspüren. Kurzum, die neuen Erkenntnisse befruchten nicht nur die Kosmologie als solche, sondern darüber hinaus auch die gesamte moderne Physik. Soll eine befriedigende Antwort auf die offenen Fragen gefunden werden, so bedarf es gemeinschaftlicher interdisziplinärer Anstrengungen auf nahezu allen Gebieten der Physik.

Welchen Ansatz zur Lösung des Problems Dunkle Energie könnte man machen? Wie soll man da vorgehen, was ist überhaupt vorstellbar? Erinnern Sie sich noch an die Friedmann-Lemaître-Gleichungen? Dort ist uns die kosmologische Konstante Λ als Kontrahentin der Gravitation zum ersten Mal begegnet. Es ist der Term, der in Einsteins Gleichungen der Gravitation, die das Universum zusammenziehen will, die Waage halten sollte. Bisher war Λ stets gleich null, weil das Universum eben nicht statisch ist, sondern, wie Hubble nachzuweisen vermochte, expandiert. Außerdem schien es sehr vernünftig, anzunehmen, dass das Universum im Wesentlichen nur aus Materie besteht. In den FL-Gleichungen wurde die kosmologische Konstante also gar nicht benötigt, wenn es darum ging, die zeitliche Entwicklung der Weltmodelle unterschiedlicher Krümmung zu beschreiben und deren Alter zu bestimmen.

Aber es gab auch Modelle mit einem Λ ungleich ($\neq$) null. Obwohl eigentlich kein direkter Anlass für derartige Betrachtungen bestand, war es schon interessant, zu sehen, welche Auswirkungen ein $\Lambda \neq 0$ auf die Entwicklung des Universums hätte. Lösungen der FL-Gleichungen mit $\Lambda \neq 0$ führen denn auch zu einem Universum, das sich anders verhält, als ausschließlich gebremst zu expandieren oder gar wieder zu kollabieren. Je nachdem, welche Werte man für Λ beziehungsweise

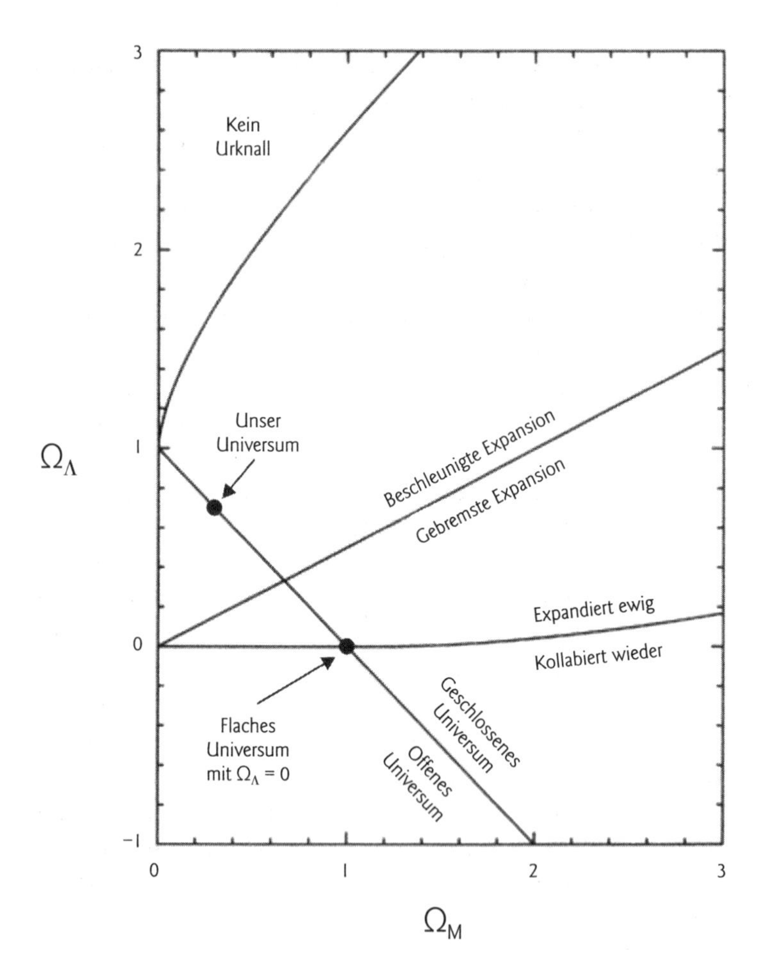

Abb. 36 Die Größen Ω_M und Ω_Λ entscheiden, mit welchem Typ von Universum man es zu tun hat. Ein Universum mit einem Ω_Λ gleich null kann je nach dem Wert von Ω_M sowohl offen als auch geschlossen sein. Kombinationen mit einem Ω_Λ größer als null führen fast immer zu einem ewig expandierenden Universum, das sich entweder gebremst oder beschleunigt ausdehnt. Unser Universum mit der Parameterkombination Ω_M = 0,3 und Ω_Λ = 0,7 sowie das Einstein-de-Sitter-Universum mit Ω_M = 1 und Ω_Λ = 0 liegen auf der Geraden für ein flaches Universum, die ein geschlossenes von einem offenen Universum trennt.

Ω_Λ und den Dichteparameter Ω_M der Materie ansetzt, kann das Universum sogar beschleunigt expandieren.

Demnach hat die Größe Λ den Charakter einer »Antigravitation«, also einer Art repulsiver Kraft, die das Universum auf unbekannte Weise auseinander treibt. Was aber könnte sich hinter diesem Λ verbergen? Seitdem sich herausgestellt hat, dass Ω gleich 1 ist, und sich die Erkenntnis durchsetzte, dass das Universum nicht nur aus Materie, sondern zu einem viel größeren Anteil auch aus Energie einer bisher unbekannten Art besteht, liegt der Verdacht nahe, dass dieser Λ-Term irgendwie mit dieser Dunklen Energie in Zusammenhang gebracht werden kann.

Obwohl diese Zuordnung vernünftig erscheint, ist jedoch die Frage nach dem Wesen der Dunklen Energie nach wie vor offen. Was könnte es sein? Gibt es überhaupt eine Energieform, welche als Dunkle Energie fungieren könnte? Die Kosmologen setzen da auf die Energie des Vakuums, die das ganze Universum gleichmäßig erfüllt. Wie aber passen Vakuum und eine damit verbundene Energie zusammen? Nach herkömmlichem Verständnis ist das Vakuum doch das absolute Nichts, wo vermeintlich nur pure Leere herrscht. Doch das stimmt so nicht ganz. Denken wir nur an das Vakuum in einer Glühbirne. Bei genauerem Hinsehen ist dieses alles andere als ein Vakuum, dort gibt es immer noch Sauerstoff- und Stickstoffmoleküle, obwohl man die Luft so gut wie möglich aus dem Kolben gepumpt hat.

So ähnlich verhält es sich auch mit dem Vakuum des Universums. Nehmen wir an, wir hätten wirklich alles aus dem Kosmos entfernt: die gesamte Materie und jegliche Art von Strahlung in Form von Photonen. Ferner sei es uns gelungen, den ganzen Kosmos bis zum absoluten Nullpunkt herunterzukühlen. Allem Anschein nach ist jetzt rein gar nichts mehr vorhanden. Und dennoch bleibt etwas zurück: die so genannte Vakuumenergie. Und diese Energie macht sich bemerkbar! Im Vakuum bilden sich nämlich fortwährend Teilchen-Antiteilchen-Paare, die nach extrem kurzer Zeit wieder zerfallen. Die Energie, die zur Erzeugung der Paare benötigt wird, leihen sich die Teilchen kurzfristig von der Vakuumenergie. Zerstrahlen die Teilchen wieder, so geben sie die geliehene Energie wieder an das Vakuum zurück. Da die Teilchenpaare nur während sehr kurzer Zeitspannen existieren, bezeichnet man sie auch als virtuelle Teilchen. In einem Vakuum wimmelt es nur so von diesen exotischen Paaren. Dass das kein Hirngespinst ist, lässt sich experimentell veranschaulichen. Beispielsweise üben die Teilchen einen messbaren Druck auf zwei eng benachbarte Platten aus. Dieses Verhalten ist als »Casimir-Effekt« bekannt. Andererseits führen die Teilchen zu einer Verzerrung der Elektronenbahnen um die Atomkerne, was sich als eine Verschiebung der Spektrallinien der Atome bemerkbar macht. Kurz: Das Vakuum ist nicht leer, es strotzt geradezu vor Energie.

Mit der Annahme, dass die Dunkle Energie mit der Vakuumenergie gleichzusetzen ist, nehmen auch die oben eingeführten Größen ρ_Λ und Ω_Λ Gestalt an: ρ_Λ steht für die Energiedichte des Vakuums, das heißt $\rho_\Lambda = \rho_{\text{Vakuum}}$, und Ω_Λ entspricht dem Dichteparameter der Vakuumenergie. Wie die kosmologische Konstante Λ mit ρ_Λ zusammenhängt, lässt sich aus der Gleichung $\rho_\Lambda = \Lambda/8\pi G$ ablesen, wobei G für die Gravitationskonstante steht.

Unterm Strich bleibt festzuhalten: Die Erkenntnis, dass unser Universum flach ist, hat zur Folge, dass Λ in den FL-Gleichungen nicht länger vernachlässigt werden darf. Oder ganz prosaisch: Wie ein Phönix aus der Asche ist die kosmologische Konstante aus der Hintergrundstrahlung zu neuem Leben erwacht.

Die Λ-Revolution

Betrachten wir mal genauer, wie sich ein $\Lambda \neq 0$ in den FL-Modellen auswirkt. Wir haben ja schon gesagt, dass Λ den Charakter einer repulsiven Kraft hat, die das Universum auseinander treibt. Anhand einer aus den FL-Gleichungen und der Definitionsgleichung für die kritische Dichte abgeleiteten Größe, dem Bremsparameter q_0, wird das besonders anschaulich. Dieser Bremsparameter q_0 ist nämlich mit den Dichteparametern Ω_M und Ω_Λ über die einfache Gleichung $q_0 = \Omega_M/2 - \Omega_\Lambda$ verknüpft. Was lässt sich daraus ablesen? Als man Λ und damit auch Ω_Λ noch gleich null setzen durfte, war der Bremsparameter immer positiv. Das heißt, die Expansion des Universums wurde gebremst, ganz gleich, wie groß Ω_M war beziehungsweise wie viel Materie das Universum enthielt. Genau das hatte sich ja auch beim Studium der FL-Modelle herausgestellt. Bedenkt man, dass Materie sich gegenseitig immer nur anzieht, so kann man das gut verstehen. Doch jetzt kommt der Dichteparameter Ω_Λ hinzu, und q_0 wird negativ, sobald Ω_Λ größer wird als $\Omega_M/2$. Ein negativer Bremsparameter aber bedeutet, dass sich die Expansion des Universums beschleunigt! Für den Fall eines flachen Universums mit $\Omega_M + \Omega_\Lambda = 1$ kann man in der Gleichung Ω_M durch Ω_Λ ersetzen. Damit hängt q_0 nur noch von Ω_Λ ab, und die Frage, ab wann das Universum beschleunigt expandiert, reduziert sich auf die einfache Antwort: Wenn Ω_Λ größer wird als 1/3.

Wie die Analyse der kosmischen Hintergrundstrahlung gezeigt hat, besitzt Ω_Λ zurzeit den Wert 0,7 und ist somit deutlich größer als 1/3. Damit stehen wir vor einer völlig veränderten Situation. Von der Vorstellung eines sich immer langsamer ausdehnenden Universums müssen wir Abschied nehmen. Denn wenn der Wert für Ω_Λ stimmt, dann sollte die Expansion wie bei einem hypothetischen Universum ohne Materie nicht nur ungebremst erfolgen, sondern sich gegenwärtig sogar beschleunigen. Wie wir noch sehen werden, scheint das tatsächlich der Fall zu sein. Damit drängt sich die Frage auf, ob das schon immer so war. Hat sich das Universum von Anfang an beschleunigt ausgedehnt, ist Ω_Λ vielleicht eine zeitlich unveränderliche Konstante der Größe 0,7? Um diese Frage zu beantworten, müssen wir wissen, wie die Energiedichte ρ_Λ, die kosmologische Konstante Λ und der Dichteparameter Ω_Λ zusammenhängen. Für die Energiedichte ρ_Λ gilt der bereits weiter oben erwähnte Zusammenhang: $\rho_\Lambda = \Lambda/8\pi G$ und für die kritische Dichte kann man schreiben: $\rho_c = 3H^2/8\pi G$. Für den Dichteparameter Ω_Λ ergibt sich somit der Ausdruck $\Omega_\Lambda = \rho_\Lambda/\rho_c = \Lambda/3H^2$. Da sich der Hubble-Parameter H aber mit der Zeit ändert, ersehen wir aus der letzten Gleichung, dass sich auch Ω_Λ mit der Zeit ändert, obwohl die kosmologische Konstante, wie ja der Name schon besagt, einen konstanten Wert hat. Folglich muss sich auch der Bremsparameter q_0 mit der Zeit geändert haben.

In einem flachen Universum kann Ω_Λ jedoch nicht beliebige Werte annehmen, denn der Dichteparameter $\Omega = \Omega_M + \Omega_\Lambda$ hat dort zu allen Zeiten den Wert 1. Wenn sich daher Ω_Λ mit der Zeit ändert, dann ändert sich auch Ω_M, und zwar so, dass die Summe von Ω_M und Ω_Λ immer gleich 1 bleibt. Entscheidend für die Entwicklung des Universums ist demnach, wie das Verhältnis von Ω_M zu Ω_Λ mit der Zeit variiert. Da $\Omega_M/\Omega_\Lambda = (\rho_M/\rho_c)/(\rho_\Lambda/\rho_c)$ ist, kann man die kritische Dichte ρ_c aus der Gleichung herausstreichen, was zu der einfachen Gleichung $\Omega_M/\Omega_\Lambda = \rho_M/\rho_\Lambda$ führt. Setzt man in diese Formel den oben angegebenen Ausdruck für ρ_Λ ein, so erhält man: $\Omega_M/\Omega_\Lambda = 8\pi G\rho_M/\Lambda$. In dieser Gleichung sind außer ρ_M alle Größen Konstanten. Anders ausgedrückt: Das Verhältnis Ω_M zu Ω_Λ ändert sich proportional zur Materiedichte ρ_M. Jetzt muss man nur noch wissen, wie sich ρ_M ändert, wenn sich das Universum ausdehnt.

Betrachten wir dazu eine mit Gas gefüllte Kugel mit dem Radius R. Das Volumen V der Kugel ist gleich $(4/3)\pi R^3$. Demnach wird das Volumen achtmal größer, wenn sich der Radius R verdoppelt. Nach der Verdoppelung des Kugelradius steht dem Gas also ein achtmal so großes Volumen zur Verfügung, in das es sich ausbreiten kann. Da die Materiedichte ρ_M gleich Masse, dividiert durch das eingenommene Volumen ist, ist ρ_M nach einer Verdoppelung des Radius R achtmal kleiner als zuvor. Das heißt: Eine Vergrößerung des Kugelradius um den Faktor 2 führt zu einer Verkleinerung der Dichte um den Faktor 2^3, denn 2^3 ist 8. Damit gelangt man schließlich zu der Aussage, dass sich Ω_M zu Ω_Λ umgekehrt proportional zur Größe R^3 des Universums ändert, oder als Formel geschrieben: $\Omega_M/\Omega_\Lambda \propto 1/R^3$. Was hat das nun zu bedeuten? Heute ist das Verhältnis von Ω_M zu Ω_Λ gleich $0{,}3/0{,}7 = 0{,}43$. Als das Universum gerade einmal halb so groß war wie heute, muss das Verhältnis achtmal so groß gewesen sein, und wenn sich das Universum auf das Doppelte der gegenwärtigen Größe ausdehnt, wird Ω_M zu Ω_Λ auf ein Achtel des heutigen Wertes geschrumpft sein. Mit anderen Worten: Als das Universum nur halb so groß war, hatte Ω_M den Wert 0,77 und Ω_Λ den Wert 0,23, und wenn das Universum doppelt so groß ist, gilt $\Omega_M = 0{,}05$ und $\Omega_\Lambda = 0{,}95$. Demnach musste irgendwo zwischen einem relativ zur heutigen Größe halb so großen und einem doppelt so großen Universum Ω_Λ den Wert 1/3 annehmen und die Expansion von gebremst auf beschleunigt umschalten. Man sieht ja schon an den angeführten Zahlenbeispielen, dass dies in einer Entwicklungsphase geschah, während der das Universum ungefähr halb so groß wie heute war. Eine kurze Rechnung liefert denn auch einen Wert von knapp 0,6, das heißt, das Universum hatte gerade 60 Prozent seiner heutigen Größe erreicht. Der Theorie entsprechend war das Universum zu diesem Zeitpunkt zwischen 7 und 8 Milliarden Jahren alt. Zieht man diese Zeit von den Jahren ab, die seit dem Urknall vergangen sind, so sollte das

Universum vor etwa 5,6 bis 6,5 Milliarden Jahren den Fuß von der Bremse genommen und auf das Gaspedal gedrückt haben. Seit dieser Zeit beschleunigt sich die Expansion immer mehr. Was die Unsicherheiten in den Zeitangaben betrifft, so beruhen sie im Wesentlichen auf der gegenwärtig noch ungenauen Kenntnis der Hubble-Konstante H_0.

Die kosmologische Konstante Λ wirkt sich natürlich auch auf das gegenwärtige Alter des Universums aus, denn wenn das Universum jetzt beschleunigt expandiert, dann hat es sich früher zwangsläufig langsamer ausgedehnt. Bis es zur heutigen Größe heranwuchs, ist demnach mehr Zeit vergangen, als wenn die Ausdehnung nur durch Materie gebremst worden wäre. Erinnern wir uns an die Altersbestimmung, als wir von einem Universum ausgingen, das im Wesentlichen nur aus Materie besteht und bei dem Ω_M gleich 0,3 war. Mit dem Wert von 72 ± 5 km/s/Mpc für H_0 hatten wir ein Alter zwischen 10,3 und 11,8 Milliarden Jahren erhalten. Als wir das mit dem aus der Beobachtung der Sterne in Kugelhaufen gefundenen Alter von 11 bis 13 Milliarden Jahren verglichen hatten, mussten wir feststellen, dass das nicht so ganz passte. Doch mit dem zusätzlichen Ω_Λ von 0,7 in den Gleichungen zur Altersberechnung erhöht sich das Alter des Universums auf 12,6 bis 14,5 Milliarden Jahre.

Damit sind die Verhältnisse wieder zurechtgerückt, und die Kinder sind nicht mehr älter als ihre Mutter. Der Wert von 13,6 Milliarden Jahren, den wir bisher immer angegeben haben, ist der Mittelwert aus der oberen und unteren Grenze.

Abb. 37 Die Abbildung ist identisch mit *Abb. 25*, jedoch ergänzt um ein unserem Universum entsprechend beschleunigt expandierendes Universum mit $\Omega_M = 0{,}3$ und $\Omega_\Lambda = 0{,}7$. Da sich ein beschleunigt expandierendes Universum früher langsamer ausgedehnt hat, ist mehr Zeit verstrichen, bis es seine heutige Größe erreicht hat, sodass es ein deutlich höheres Alter aufweist als ein gebremst expandierendes Universum. Interessant ist, dass dieses Universum in den ersten rund 7 Milliarden Jahren zunächst gebremst expandierte, dann aber auf eine beschleunigte Expansion umgeschaltet hat. In der Zukunft wird es sich immer schneller ausdehnen.

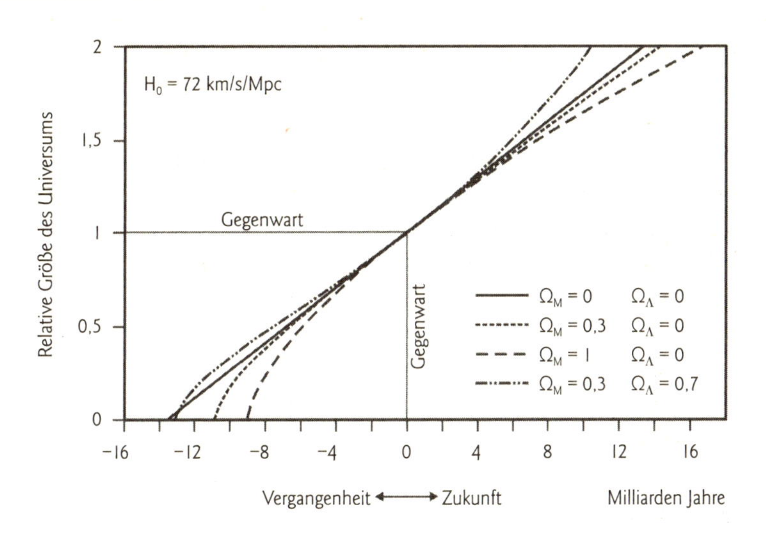

H_0 = 72 km/s/Mpc
Relative Größe des Universums
2
1,5
1
0,5
0
Gegenwart
Gegenwart
$\Omega_M = 0$ $\Omega_\Lambda = 0$
$\Omega_M = 0,3$ $\Omega_\Lambda = 0$
$\Omega_M = 1$ $\Omega_\Lambda = 0$
$\Omega_M = 0,3$ $\Omega_\Lambda = 0,7$
−16 −12 −8 −4 0 4 8 12 16
Vergangenheit ⟷ Zukunft
Milliarden Jahre

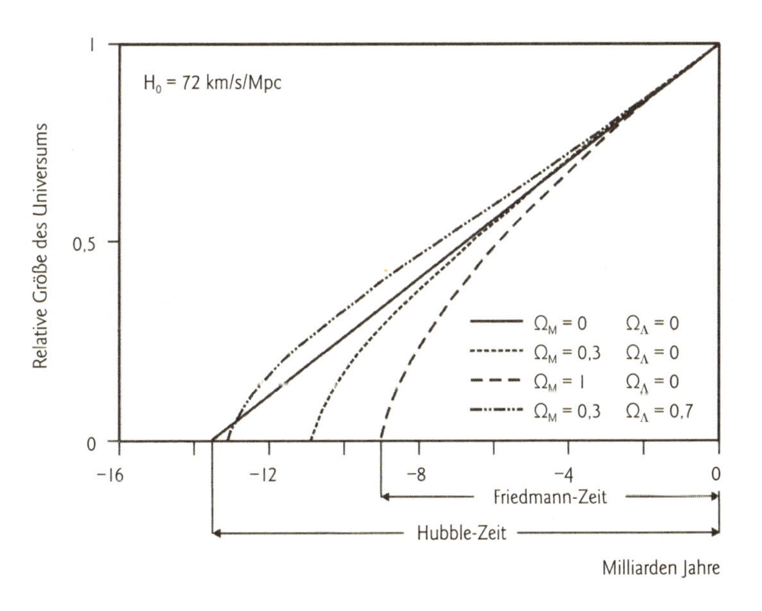

H_0 = 72 km/s/Mpc
Relative Größe des Universums
1
0,5
0
$\Omega_M = 0$ $\Omega_\Lambda = 0$
$\Omega_M = 0,3$ $\Omega_\Lambda = 0$
$\Omega_M = 1$ $\Omega_\Lambda = 0$
$\Omega_M = 0,3$ $\Omega_\Lambda = 0,7$
−16 −12 −8 −4 0
Friedmann-Zeit
Hubble-Zeit
Milliarden Jahre

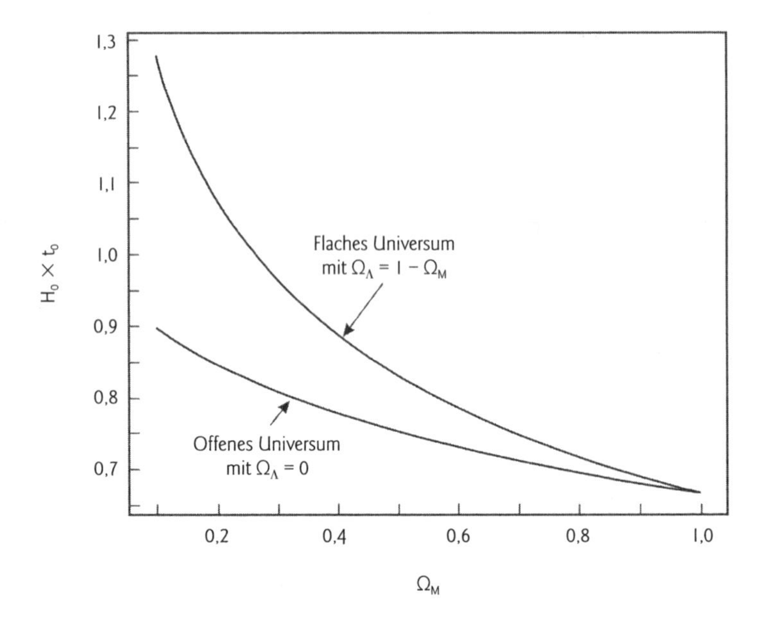

Abb. 38 Im Diagramm ist das Alter für ein offenes (untere Kurve) beziehungsweise ein flaches Universum (obere Kurve) für verschiedene Kombinationen von Ω_M und Ω_Λ in Einheiten von $H_0 \times t_0$ über dem Dichteparameter Ω_M aufgetragen. In einem offenen Universum mit $\Omega_\Lambda = 0$ entscheidet allein Ω_M über das Alter, in einem flachen Universum kommt es auf die Kombination von Ω_M und Ω_Λ an. Je nachdem, welcher Wert für die Hubble-Konstante H_0 vorgegeben wird, erhält man unterschiedliche Alter t_0. Beispiel: Sei H_0 gleich 72 km/s/Mpc und $H_0 \times t_0$ gleich 0,8, so ist t_0 gleich 0,8, dividiert durch 72 km/s/Mpc gleich 10,9 Milliarden Jahre.

Kommen wir nochmals auf das Verhältnis von Ω_M zu Ω_Λ zurück. Als das Universum halb so groß war, galt Ω_M zu Ω_Λ gleich 3,35, wenn es doppelt so groß sein wird, ist Ω_M zu Ω_Λ gleich 0,05. Geht man noch weiter in der Zeit zurück beziehungsweise in die Zukunft, so wird das Verhältnis immer drastischer: In der Vergangenheit dominiert die Materie mehr und mehr, in der Zukunft ist es die Größe Λ.

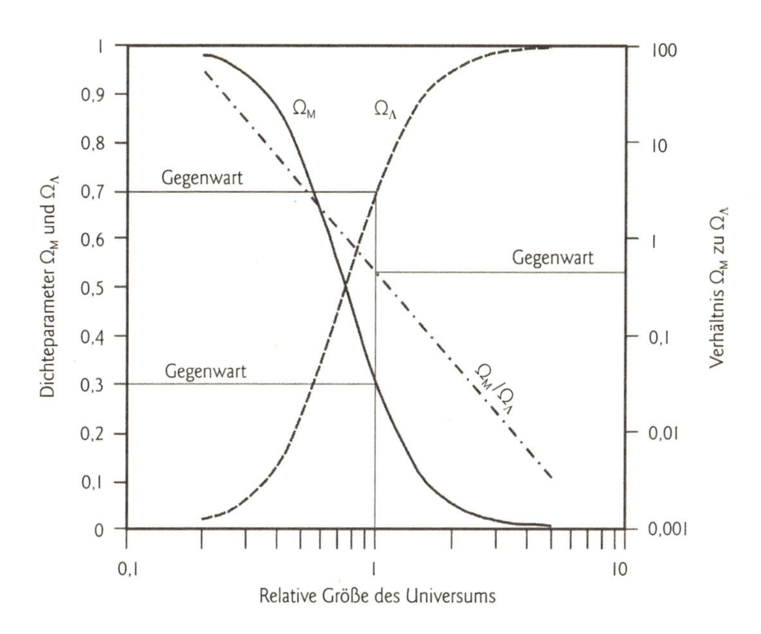

Abb. 39 Die Dichteparameter Ω_M und Ω_Λ sind nur in der gegenwärtigen Epoche von gleicher Größenordnung. In der Vergangenheit war Ω_M viel größer als Ω_Λ, in der Zukunft wird es umgekehrt sein. Warum Ω_M und Ω_Λ gerade heute annähernd gleich groß sind, ist eines der großen Rätsel der Kosmologie. Die von links oben nach rechts unten schräg durch das Diagramm verlaufende Gerade gibt das Verhältnis von Ω_M zu Ω_Λ an. In der Zeitspanne, in der das Universum von einem Fünftel auf das Fünffache seiner heutigen Größe heranwächst, ändert es sich um einen Faktor von rund 15 000.

Was dabei zu denken gibt, ist der Umstand, dass ausgerechnet heute Ω_M und Ω_Λ von gleicher Größenordnung sind! Dieser Umstand gibt den Kosmologen ein großes Rätsel auf. Ist es reiner Zufall, dass ausgerechnet in der Epoche, in der sich Ω_M und Ω_Λ nicht wesentlich unterscheiden, das Leben eine Entwicklungsstufe erreicht hat, auf der intelligente Wesen über dieses Problem nachdenken können? Hätte das Leben nicht auch in einer deutlich früheren Ära oder viel später, zum Beispiel erst in einigen Milliarden Jahren, entstehen können?

Aus den Forschungsergebnissen des letzten Jahrhunderts wird ersichtlich, dass Leben nur entstehen kann, wenn gewisse Voraussetzungen erfüllt sind. Als das Universum noch relativ jung war, gab es die für den Aufbau von Planeten oder gar für die Strukturen des Lebens benötigten Elemente, wie Eisen, Nickel, Kalzium, Sauerstoff, Stickstoff und den so wichtigen Kohlenstoff, um nur einige zu nennen, noch gar nicht. In den Sternen werden diese Elemente erbrütet. Aber die frühesten Sterne entstanden erst, als das Universum bereits einige hundert Millionen Jahre alt war. Vermutlich dauerte es aber noch etwa eine Milliarde Jahre, bis die Gaswolken, aus denen sich Sterne bilden, so weit mit diesen Elementen angereichert waren, dass auch Planeten entstehen konnten. Zu dieser Zeit hatte sich das Universum gerade einmal auf rund ein Fünftel seiner heutigen Größe ausgedehnt, und Ω_M – ausgehend vom aktuellen $\Omega_M = 0{,}3$ und $\Omega_\Lambda = 0{,}7$ – war rund fünfzigmal größer als Ω_Λ. Zumindest theoretisch waren ab da die Voraussetzungen für die Entstehung von Leben erfüllt: Es gab die nötigen »Baustoffe«, und es waren Sterne vorhanden, welche die für das Leben nötige Energie in Form von Strahlung bereitstellen konnten. Ob jedoch damals schon das Leben diese Chance irgendwo im All ergriffen hat, weiß niemand.

In einigen Billionen Jahren wird es jedoch keine Sterne mehr geben. Die schon vorhandenen sind dann bereits erloschen, und neue Sterne können nicht mehr entstehen, weil der Gasvorrat im All zum Aufbau weiterer Himmelskörper erschöpft ist. Das gilt nicht nur für unsere Galaxis, sondern ganz allgemein für alle Galaxien. Spätestens dann wird dem Leben die Grundlage seiner Existenz entzogen: Kein Stern liefert mehr Energie zum Aufbau und Unterhalt belebter Strukturen. Leben von der Art, wie wir es kennen, wird dann aller Voraussicht nach nirgendwo mehr im Universum zu finden sein. Natürlich kann man auf Möglichkeiten zum Ausgleich dieses Energiedefizits spekulieren. In der Science-Fiction-Literatur ist nachzulesen, wie man einen erkalteten Sternrest abbaut und seine Masse in nutzbare Energie umwandelt. Doch wer weiß, ob das jemals funktioniert.

Für unsere Erde und das Leben dort sind die zeitlichen Grenzen viel enger. Das beginnt damit, dass unsere Sonne und mit ihr die Erde erst vor rund 4,5 Milliarden Jahren entstanden. Das Universum war damals schon rund 9 Milliarden Jahre alt, auf etwa 65 Prozent seiner heutigen Größe herangewachsen, und das Verhältnis von Ω_M zu Ω_Λ hatte den Wert 1,5. Nach den neuesten Erkenntnissen bevölkerten bereits 700 Millionen Jahre nach Entstehung der Erde erste Einzeller, die Prokaryonten, unseren Planeten. Wie die Entwicklung in den folgenden 3,8 Milliarden Jahren bis heute weiterging, ist eine spannende Geschichte. Eine detaillierte Betrachtung würde locker ein ganzes Buch füllen, und wer sich dafür interessiert, dem können wir unser Buch *Big Bang – zweiter Akt* empfehlen. Hier ist für eine entsprechende Erörterung leider kein Platz. Doch wenn man sich umsieht, so weiß man, wohin die Entwicklung geführt hat: Auf der Erde wimmelt es geradezu vor Leben. Keine ökologische Nische, die nicht von einer speziell angepassten Lebensform besetzt ist. In seiner Artenvielfalt scheinen dem Leben keine Schranken gesetzt.

Kann das immer so weitergehen, oder ist trotz aller gegenwärtigen Vitalität ein Ende allen Lebens auf Erden abzusehen? Auf den zweiten Teil der Frage lautet die Antwort leider: »Ja«. Die Schuld daran wird unsere Sonne tragen. Denn in etwa 4 bis 5 Milliarden Jahren wird ihr Wasserstoffvorrat im Zentrum verbraucht sein, sie wird sich zu einem Roten Riesen aufblähen und die Erde mit Energie überschütten. Bereits in etwa ein bis zwei Milliarden Jahren ist es dann auf der Erde mit etwa 450 Grad Celsius so heiß wie auf der Venus. Dann werden die Meere verdampfen und sämtliche Formen des Lebens am

Hitzetod zugrunde gehen. Und obwohl noch einige Milliarden Jahre Zeit sind, bis die Sonne endgültig keine Energie mehr aus Kernfusionsprozessen gewinnt, hat zumindest alles oberflächennahe Leben ein Ende. Das ultimative »Aus« aber kommt mit dem Verlöschen des nuklearen Ofens im Zentrum der Sonne. In einem zweiten Anlauf wächst sie dann weit über die schon mal erreichte Größe eines Roten Riesen hinaus. Dabei steigen die Temperaturen auf Werte, bei denen die Gesteine schmelzen und die Erde die Riesensonne als flüssiger Lavaball umkreist. Vielleicht wird die Sonne auch so groß, dass sie die Erde zur Gänze verschlingt.

Optimisten setzen jedoch darauf, dass es nie zu dieser ausweglosen Situation kommt. Sie glauben, dass sich die Erde ihrem Schicksal durch Flucht vor der Sonne entziehen kann. Denn wenn die Sonne in das Stadium eines Roten Riesen eintritt, wird sie einen Großteil ihrer Masse durch den einsetzenden starken Sternwind verlieren. Damit schwächt sich auch ihre Anziehungskraft auf die Erde ab, und die Planeten werden auf Bahnen einschwenken, die sie weit von der Sonne wegführen. Ob dabei das Sonnensystem als Ganzes noch stabil bleibt oder ob aufgrund chaotischer Begegnungen zwischen den einzelnen Planeten die kleinen aus dem Sonnensystem hinauskatapultiert werden, kann man gegenwärtig nicht abschätzen. Doch auch wenn alles gut gehen sollte – die Erde würde von der Sonne nicht mehr ausreichend Energie zum Unterhalt von Leben empfangen. Denn einerseits nimmt der Energiefluss mit dem Quadrat der Entfernung ab, und andererseits enthält die Strahlung eines Roten Riesen zu wenig Licht der Wellenlänge, die nötig ist, um eine Photosynthese in den Pflanzen zu aktivieren. Und schließlich wird aus dem Roten Riesen bald ein Weißer Zwerg, der keine Energie mehr durch Kernfusion gewinnt und langsam auskühlt. Wie auch immer – Leben auf Erden kann es aller Voraussicht nach in etwa vier bis fünf Milliarden Jahren keines mehr geben. Zu diesem Zeitpunkt wird das Universum auf etwa den 1,6-fachen Umfang seiner heutigen Größe angewachsen sein, und Ω_M zu Ω_Λ wird den Wert 0,1 haben.

Wenn man so will, dann kann man anhand dieser Daten zumindest für die Erde einen gewissen Zusammenhang zwischen möglichem Leben und dem Verhältnis Ω_M zu Ω_Λ konstruieren. Nur im Intervall von 1,5 bis 0,1 ist Leben möglich. Ist Ω_M zu Ω_Λ größer als 1,5, so geht noch nichts, ist das Verhältnis kleiner als 0,1, so geht nichts mehr. Wenigstens für die Erde wird damit die Frage beantwortet, warum wir gerade in einer Zeit leben, in der Ω_M und Ω_Λ von gleicher Größenordnung sind. Dass das auch für das Universum als Ganzes gilt, für eventuelle andere Lebensformen irgendwo auf einem Planeten in einem anderen Sonnensystem, ist nicht sehr wahrscheinlich.

Der Blick zurück

Dass das Universum flach ist, nicht nur aus Materie besteht, sondern zu etwa 70 Prozent aus einer noch unbekannten Form von Energie, die das Universum beschleunigt expandieren lässt, wird mittlerweile von den meisten Kosmologen akzeptiert. Wie wir gesehen haben, hat man diese Erkenntnis der Analyse der kosmischen Hintergrundstrahlung und den Lösungen der FL-Gleichungen mit einem $\Lambda \neq 0$ zu verdanken. Bis auf die Vermessung der Hintergrundstrahlung stützen sich die Ergebnisse also im Wesentlichen auf Theorien und Modelle, welche die zeitliche Entwicklung des Universums beschreiben. Um die Aussagen der Modelle zu bekräftigen, wäre es daher sehr wünschenswert, wenn man die Theorien auch experimentell bestätigen könnte. Glücklicherweise gibt es eine Möglichkeit, das Universum hinsichtlich seiner Expansionsgeschichte zu untersuchen, und die Ergebnisse stimmen, wie wir noch sehen werden, erstaunlich genau mit den aus den Theorien abgeleiteten Werten überein. Dazu müssen wir jedoch weit in die Vergangenheit unseres Kosmos zurückschauen: in eine Zeit, in der das Universum wesentlich jünger und deshalb auch viel kleiner war als heute.

Bevor wir jedoch mit dieser »Rückschau« beginnen, wollen wir zuerst noch eine neue Größe z einführen, die in der Kosmologie eine wichtige Rolle spielt und als Rotverschiebung bezeichnet wird. Denn das von einem Stern abgestrahlte Licht der Wellenlänge λ_0 empfangen wir auf der Erde nicht bei dieser Wellenlänge λ_0, sondern bei einer größeren Wellenlänge λ. Das hängt damit zusammen, dass sich das Universum von dem Augenblick, an dem das Licht den Stern verlassen hat, bis zu dem Moment, da es auf der Erde ankommt, ausgedehnt hat. Damit wird auch die Wellenlänge des Sternenlichts gedehnt, sie wird größer und in den roten Wellenlängenbereich des elektromagnetischen Spektrums verschoben. Da rotes Licht eine größere Wellenlänge besitzt als blaues, sagt man auch vereinfachend: Das empfangene Licht ist rotverschoben. Die Größe z gibt nun das Verhältnis von $\Delta\lambda$ zu λ_0 an, wobei $\Delta\lambda$ für die Differenz λ minus λ_0 steht. Ist z gleich 1, dann ist die empfangene Wellenlänge doppelt so groß wie die abgestrahlte. Ist bekannt, welche Atome für die Emission des Lichts eines Sterns verantwortlich sind, so ist auch λ_0 bekannt. Aus der Messung von λ ergibt sich dann z.

Aus der Kenntnis von z lässt sich eine Menge Informationen gewinnen. So kann man beispielsweise berechnen, wie weit der Stern, dessen Licht wir gerade empfangen, von uns entfernt ist. Da z auch mit dem Hubble-Parameter H über die Gleichung $z = Hd/c$ verknüpft ist, wobei d die Entfernung zum Stern und c die Lichtgeschwindigkeit bedeuten, gibt der Wert von z auch Auskunft über die Geschwindigkeit, mit der sich der Stern aufgrund der Expansion des Universums von uns entfernt. Denn H × d ist gleich der Fluchtgeschwindigkeit v, sodass gilt: z = v/c. Aus z kann man also ohne Kenntnis von d die Fluchtgeschwindigkeit in Einheiten der Lichtgeschwindigkeit unmittelbar ablesen. Dies ist allerdings nur möglich, solange z deutlich kleiner ist als 1. Für größere z muss man relativistisch rechnen, aber darauf soll hier nicht näher eingegangen werden. Schließlich gibt z noch darüber Auskunft, wie groß das Universum im Verhältnis zu heute war. Bezeichnet man nämlich die augenblickliche Größe mit R_0 und die Größe zur Zeit t mit R(t), dann gilt: $(z+1) = R_0/R(t)$. Ist z = 0, dann ist $R_0/R(t) = 1$ und R(t) gleich R_0. Das heißt: z = 0 entspricht der Gegenwart, in der R(t) und R_0 übereinstimmen müssen. Ist dagegen z beispielsweise gleich 1, so ist $R_0/R(t) = 2$ und R(t) ist $R_0/2$, das heißt, das betrachtete Universum ist halb so groß wie heute. Nicht zuletzt kann man bei bekanntem z noch berechnen, wie alt das Universum war, als es die Größe R(t) hatte, beziehungsweise wie viel Zeit seit damals vergangen ist. Im Folgenden werden wir der Rotverschiebung z noch öfter begegnen.

Doch jetzt zum angekündigten Blick in die Vergangenheit. Um zu erkennen, ob wir in einem beschleunigten Universum leben, benötigen wir ein so genanntes Hubble-Diagramm. Diesem Diagramm, mit dessen Hilfe es Hubble erstmals gelungen war, den Wert des nach ihm benannten Parameters H zu bestimmen, sind wir indirekt schon begegnet, als wir uns mit dem Alter des Universums beschäftigt haben. Erinnern wir uns: Hubbles 1929 gefundener Wert für H war viel zu groß, sodass das Universum jünger zu sein schien als die Sterne. Wie ein Hubble-Diagramm aussieht, davon war zunächst nicht die Rede. Doch jetzt müssen wir uns dafür interessieren, was in einem solchen Diagramm eigentlich dargestellt ist. Es zeigt die Entfernung d eines Objekts, aufgetragen gegen seine Fluchtgeschwindigkeit v beziehungsweise gegen z. Wie schon erwähnt, ist v mit d über den Hubble-Parameter H durch die

Gleichung $v = H \times d$ verknüpft. In einem gleichmäßig sich ausdehnenden Universum, so wie es ein hypothetisches, materieentleertes Universum darstellt, hat H zu allen Zeiten den gleichen Wert. Das heißt, v ist proportional zu d, und im Hubble-Diagramm liegen alle Objekte auf einer Geraden, deren Steigung nur durch den Wert von H bestimmt wird.

In einem gebremst expandierenden Universum war jedoch dessen Expansionsgeschwindigkeit in der Vergangenheit größer. Das bedeutet, dass auch der Hubble-Parameter früher größer war als heute. Folglich war die Fluchtgeschwindigkeit bei gleicher Entfernung ebenfalls größer, und im Hubble-Diagramm liegen die Objekte des gebremst expandierenden Universums nicht mehr auf, sondern unterhalb der Geraden, die für das gleichmäßig expandierende Universum gilt. In einem beschleunigt expandierenden Universum verhält sich das natürlich umgekehrt. Dort müssen die Expansionsgeschwindigkeit des Universums und damit der Hubble-Parameter in der Vergangenheit kleiner gewesen sein als heute, sodass die Objekte oberhalb der Geraden im Hubble-Diagramm zu finden sein sollten.

Aus einem Hubble-Diagramm kann man demnach ablesen, um welchen Typ von Universum es sich handelt, ob es gleichmäßig expandiert beziehungsweise sich gebremst oder beschleunigt ausdehnt. Man muss »nur« Geschwindigkeit und Entfernung einiger Objekte messen, in das Diagramm eintragen und überprüfen, wo die Objekte relativ zur Geraden eines gleichmäßig expandierenden Universums liegen. Da die Abweichung von der Geraden erst für relativ weit entfernte Objekte, das heißt für solche mit großem z, richtig deutlich wird, muss man nach sehr weit entfernten Objekten suchen, wenn man etwas darüber erfahren will, ob sich das Universum wirklich immer schneller ausdehnt. Das fällt aber alles andere als leicht, denn weit entfernte Objekte sind schwierig zu beobach-

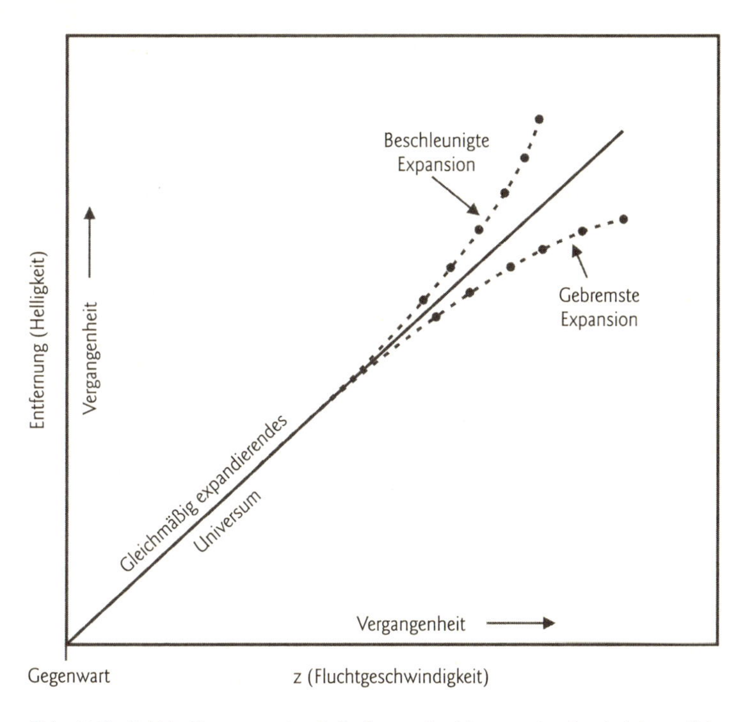

Abb. 40 Ein Hubble-Diagramm zeigt die Entfernung beziehungsweise die scheinbaren Helligkeiten von leuchtenden Objekten, aufgetragen gegen ihre Fluchtgeschwindigkeit beziehungsweise gegen die Rotverschiebung z. Anhand eines derartigen Diagramms konnte der Astronom Edwin Hubble 1929 nachweisen, dass sich das Universum ausdehnt. In einem gleichmäßig expandierenden Universum kommen alle Objekte auf einer Geraden zu liegen, die je nachdem, wie schnell das Universum expandiert, mehr oder weniger steil verläuft. In einem beschleunigten Universum war bei gleicher Entfernung die Fluchtgeschwindigkeit in der Vergangenheit kleiner als heute, weshalb die Objekte oberhalb der Geraden liegen müssen. In einem gebremst expandierenden Universum ist es genau umgekehrt.

ten, weil die Intensität des Lichtes mit dem Quadrat der Entfernung abnimmt. Um Objekte in den gewaltigen Tiefen des Universums noch erkennen zu können, muss deren Leuchtkraft daher sehr groß sein. Glücklicherweise gibt es eine spezielle Klasse von Objekten, die diese Bedingung erfüllen: nämlich das Phänomen der Supernova, insbesondere eine Supernova vom Typ Ia (SNIa). Diese Objekte haben eine Leuchtkraft, die etwa 10^{10}-mal größer ist als die unserer Sonne. Aufgrund dessen sind sie während der ersten Tage nach ihrem Erscheinen am Himmel sogar heller als alle Sterne einer ganzen Galaxie und damit über Entfernungen von vielen Milliarden Lichtjahren noch gut zu erkennen.

Supernovae sind Ia

Schauen wir uns an, was es mit diesen Objekten auf sich hat. Die Keimzelle einer SNIa ist ein etwa 6000 Kilometer großer Weißer Zwerg, der Überrest eines ausgebrannten Sterns mit einer Anfangsmasse, die kleiner ist als etwa acht Sonnenmassen. Weiße Zwerge haben typischerweise eine Masse, die einer halben bis zu 0,6 Sonnenmassen entspricht, und sind so dicht, dass ein Kubikzentimeter etwa 100 bis 1000 Tonnen wiegt. Im Kapitel über die Dunkle Materie sind wir diesen exotischen Sternleichen schon begegnet. Das Besondere an diesen Objekten ist, dass nicht der thermische Druck als Folge einer hohen Materietemperatur den Gravitationskollaps dieser Körper verhindert, sondern der so genannte Fermi-Druck, der durch die Entartung des Elektronengases entsteht. Was ist darunter zu verstehen? Nun, Elektronen gehören zur Teilchenklasse der Fermionen und gehorchen dem Pauli-Prinzip. Der Raum, in dem sich die Elektronen bewegen können, der Phasenraum, ist in lauter einzelne Quantenzellen bestimmter Energie unterteilt. Wird die Materie wie in einem Weißen Zwerg immer weiter verdichtet, so werden nach und nach alle freien Quantenzellen mit Elektronen gefüllt. Das Pauli-Prinzip besagt nun, dass eine Quantenzelle höchstens von zwei Elektronen besetzt werden kann, die sich in ihrer Spinrichtung, das heißt in der

Richtung ihrer Eigendrehung, unterscheiden. Die Elektronen können demnach nicht einen beliebig kleinen Raum besetzen. Aufgrund dessen entsteht ein innerer Druck, der Fermi-Druck. Sind alle Quantenzellen gefüllt, so bezeichnet man das Elektronengas als vollständig entartet.

Das Besondere am Fermi-Druck ist, dass er anders als der thermische Druck nicht von der Temperatur des Körpers abhängt, sondern nur von der Dichte der Materie. Entartete Materie kann folglich »eiskalt« sein und dennoch einen gewaltigen Druck aufbauen, wenn nur die Dichte entsprechend hoch ist. Überdies verhält sich entartete Materie auch anders als normale. Würde man einem Planeten Masse hinzufügen, so nähme er an Größe zu. Ein Weißer Zwerg dagegen schrumpft, wenn er an Masse gewinnt, denn der durch den Massenzuwachs erhöhte Gravitationsdruck muss durch einen erhöhten Fermi-Druck kompensiert werden, und das ist nur möglich, wenn sich das Volumen verkleinert, sodass die Elektronen enger zusammenrücken. Prinzipiell könnte das so weit gehen, dass der Weiße Zwerg auf einen Punkt zusammenschnurrt. Überschreitet der Weiße Zwerg jedoch eine Grenzmasse von 1,44 Sonnenmassen, die als Chandrasekhar-Grenzmasse bezeichnet wird, so übersteigt der Gravitationsdruck den Fermi-Druck, und der Weiße Zwerg wird instabil, das heißt, er bricht doch noch unter seiner eigenen Schwerkraft zusammen.

Da mehr als die Hälfte aller Sterne als Doppelsterne entsteht, leben viele Weiße Zwerge in einer Art Symbiose, in der sie zusammen mit einem anderen Stern um den gemeinsamen Massenschwerpunkt kreisen. Nehmen wir an, der Begleiter des Weißen Zwergs hatte bei seiner Entstehung etwas weniger Masse als der Stern, aus dem der Weiße Zwerg hervorgegangen ist. Da ein massearmer Stern sparsam mit seinem Brennstoffvorrat umgeht, ist er in seiner Entwicklung noch nicht weit fortgeschritten, er hat vielleicht gerade das Stadium eines

Roten Riesen erreicht und bläht sich deshalb immer weiter auf. Wenn der Abstand zwischen dem Weißen Zwerg und dem Roten Riesen nicht zu groß ist, dann kann in dieser Phase Materie vom Roten Riesen auf den Weißen Zwerg überströmen, sodass dieser mehr und mehr an Masse gewinnt. Im Jargon der Astronomen bezeichnet man diesen Prozess als Akkretion von Masse auf den Weißen Zwerg. Die Akkretion ist jedoch beendet, wenn – siehe oben – die Chandrasekhar-Grenzmasse überschritten wird und der Weiße Zwerg unter der Wirkung seiner eigenen Schwerkraft kollabiert. Wie dieser Kollaps im Detail abläuft, ist gegenwärtig noch nicht völlig geklärt. Generell gilt jedoch, dass durch die beim Zusammenbruch frei werdende Gravitationsenergie der Weiße Zwerg so stark aufgeheizt wird, dass es zu einer thermonuklearen Fusion der Zwergmaterie kommt. Der Kohlenstoff im Innern des Weißen Zwerges verbrennt dabei schlagartig zu instabilem Nickel, während in den weiter außen liegenden Bereichen Elemente mittlerer Masse, wie Silicium, Schwefel und Kalzium, fusioniert werden. Als Folge dieser Prozesse explodiert der Sternrest in einer SNIa und wird völlig zerstört.

Das Besondere an diesem Supernova-Typ ist der zeitliche Verlauf seiner Leuchtkraft. Mit dem Einsetzen der nuklearen Reaktionen steigt die Helligkeit binnen kurzer Zeit steil bis zu einem Maximalwert an, um von da innerhalb einiger Wochen auf etwa ein Zehntel des Maximalwertes wieder abzufallen. Allerdings erreichen nicht alle Supernovae die gleiche maximale Leuchtkraft. Die Daten zeigen Helligkeitsunterschiede bis zu einem Faktor 8. Das mag darauf zurückzuführen sein, dass sich die Objekte in ihrem Metallgehalt unterscheiden oder dass die Explosion nicht, wie erwartet, exakt beim Erreichen der Chandrasekhar-Grenze ausgelöst wird, sondern schon knapp davor oder danach. Einige Modelle zur Entwicklung der SNIa spiegeln genau dieses Verhalten wider. Hat man jedoch den Helligkeitsverlauf über etwa 20 Tage aufgezeichnet, so können die Differenzen empirisch korrigiert werden, weil die Form der Lichtkurve und das zugehörige Helligkeitsmaximum einander bedingen: Supernovae mit einer schnell abfallenden Lichtkurve weisen gewöhnlich eine geringere Leuchtkraft auf, wogegen solche mit einer langsam abfallenden Lichtkurve in den meisten Fällen im Maximum eine höhere Leuchtkraft aufweisen. Eicht man den Helligkeitsverlauf an einigen besonders gut vermessenen Supernovae, so lässt sich die Streuung der Helligkeitsmaxima auf wenige Prozent reduzieren und eine für alle SNIa gleiche maximale Leuchtkraft definieren.

Die Helligkeit, mit der eine SNIa hier auf der Erde beobachtet wird, hängt bekanntermaßen von der Entfernung des Objekts ab. Damit sind wir wieder bei dem Problem der scheinbaren und absoluten Helligkeit angelangt, mit dem wir uns schon beschäftigt haben. Um als Standardkerze dienen zu können, also als ein Objekt, das sich für vergleichende Messungen eignet, muss die absolute Helligkeit einer SNIa bekannt sein. Sie lässt sich mit einer einfachen Formel berechnen, vorausgesetzt, die scheinbare Helligkeit ist ermittelt, und, weit schwieriger, die Entfernung ist bekannt. Glücklicherweise konnte man aus der gemessenen Periode der Helligkeitsschwankung spezieller veränderlicher Sterne (Cepheiden) die Entfernung einiger SNIa ziemlich genau bestimmen, sodass man mittlerweile über die absolute Helligkeit dieser Objekte recht gut Bescheid weiß. Damit kann man den Spieß umdrehen und mit der gleichen Formel bei bekannter scheinbarer und absoluter Helligkeit, die uns interessierende Entfernung einer in einer weit entfernten Galaxie aufleuchtenden SNIa ausrechnen. Und genau darauf kommt es an, wenn es darum geht, den Platz einer SNIa im Hubble-Diagramm festzulegen.

Überraschende Botschaften

Bei der Suche nach weit entfernten SNIa haben sich insbesondere zwei Gruppen verdient gemacht. Zum einen ist dies das »High-z Supernova Search Team« unter Federführung von Brian Schmidt und Kollegen, zum anderen das »Supernova Cosmology Project« unter Saul Perlmutter und Kollegen. Beide Gruppen haben seit 1998 über Jahre hinweg jede Nacht tausende Galaxien beobachtet, immer in der Hoffnung, auf eine gerade explodierende SNIa zu stoßen, um dann über viele Tage hinweg – oder besser gesagt: Nächte – ihre scheinbare Helligkeit zu messen und ihr Spektrum aufzunehmen. Doch so einfach, wie sich das liest, ist es in der Praxis nicht. Denn erstens explodiert in einer Galaxie im Mittel nur alle hundert Jahre eine Supernova, sodass man vielleicht nur alle paar Monate ein Ereignis verfolgen kann, und zweitens gibt es noch eine andere Supernova-Klasse: nämlich die vom Typ II, die in Abhängigkeit von der Sternmasse sehr unterschiedliche absolute Helligkeiten aufweist. Man muss also differenzieren. Das gelingt anhand der aufgenommenen Spektren, da sich beide Supernova-Klassen deutlich in den bei der Explosion entstehenden Elementen unterscheiden. Trotz dieser Schwierigkeiten haben beide Beobachtergruppen mittlerweile insgesamt etwa 100 SNIa entdeckt und deren Rotverschiebung z sowie ihre scheinbare Helligkeit gemessen. Der Bereich, in dem die SNIa gefunden wurden, erstreckt sich von z gleich 0,3 bis 0,8.

Was bei der Auswertung der Messergebnisse herauskam, hat die Forscher aber doch ziemlich überrascht. Die Helligkeit der aufgespürten Supernovae war nämlich deutlich geringer, als man es für ein sich gleichmäßig ausdehnendes Universum erwartet hatte. Supernovae mit einer Rotverschiebung z um 0,5 waren im Mittel 25 Prozent leuchtschwächer! Als man dann aus den gemessenen scheinbaren Helligkeiten und der bekannten absoluten Helligkeit die Entfernungen berechnete und diese Werte im Hubble-Diagramm gegen die Rotverschiebung z auftrug, da zeigte sich, dass alle Punkte oberhalb der Geraden für ein gleichmäßig expandierendes Universum lagen. Entsprechend unseren vorausgegangenen Überlegungen heißt das aber, dass sich unser Universum beschleunigt ausdehnt. Damit war die aus der Analyse der kosmischen Hintergrundstrahlung und den FL-Gleichungen gewonnene Erkenntnis einer beschleunigten Expansion auch experimentell bestätigt, und die Zweifel an der Richtigkeit der Ergebnisse waren weitgehend ausgeräumt.

Aber es kommt noch besser! Was hat man denn in das Hubble-Diagramm eingetragen? Eine Entfernung gegen die Rotverschiebung z. Ermittelt wurde diese Entfernung aus der Differenz der gemessenen scheinbaren und der bekannten absoluten Helligkeit. Diese Differenz ist im Prinzip aber nichts anderes als der Logarithmus der so genannten Helligkeitsentfernung der Supernova. Die Helligkeitsentfernung eines leuchtenden Objekts, die auch als Leuchtkraftdistanz bezeichnet wird, hat nun nichts mit der tatsächlichen, physikalischen Entfernung zu tun. Beide Entfernungen wären nur gleich, wenn zum einen unser Universum flach wäre, sodass die euklidische Geometrie gilt und die Helligkeit eines Objekts mit dem Quadrat der Entfernung abnimmt, und zweitens das Universum statisch wäre, sich also weder ausdehnt noch zusammenzieht. Ist eine der beiden oder sind beide Bedingungen verletzt, so haben Helligkeitsentfernung und physikalische Entfernung unterschiedliche Werte. In unserem Fall ist das Universum nicht statisch, es dehnt sich vielmehr aus, wobei die Ausdehnung vermutlich zunächst auch noch gebremst erfolgte, sich später aber wieder beschleunigte. Aufgrund dessen erleiden die vom Objekt ausgehenden Photonen eine Rotverschiebung, was sich in einem Energieverlust der Photonen niederschlägt. Hinzu kommt, dass der Photonenstrom auch noch verdünnt wird, sodass pro Zeiteinheit weniger Photonen auf die Empfängerfläche treffen. Summa summarum führt das dazu, dass man die physikalische Entfernung mit (1 + z) multiplizieren muss, um die Helligkeitsentfernung zu erhalten.

Die physikalische Entfernung, auch »Eigendistanz« genannt, kann man in Abhängigkeit von z, Ω_M und Ω_Λ mittels der FL-Gleichungen berechnen. Mit (z+1) multipliziert, erhält man daraus die zu einem bestimmten z gehörige Helligkeitsentfernung. Je nachdem, welchen Typ von Universum man vorgibt beziehungsweise welche Wertkombination der Dichteparameter Ω_M und Ω_Λ, liefert die Rechnung ziemlich unterschiedliche Ergebnisse. Trägt man schließlich die zu jedem z gehörige Helligkeitsentfernung in ein Hubble-Diagramm ein, so erhält man eine Kurve, aus der sich ablesen lässt, welche Entfernung beispielsweise eine Supernova mit einem bestimmten z in einem Universum eines bestimmten Typs haben sollte. Man kann aber auch wie schon erwähnt die berechnete Helligkeitsentfernung eines Objekts in seine scheinbare Helligkeit umrechnen, vorausgesetzt, man kennt dessen absolute Helligkeit. Damit hätte man dann eine Kurve, die angibt, mit welcher Helligkeit uns ein Objekt mit der Rotverschiebung z erscheinen muss.

Die beiden Beobachtergruppen haben nun ihre in Abhängigkeit von z gemessenen Supernova-Helligkeiten mit den be-

Abb. 41 Der Astronom Saul Perlmutter und seine Kollegen haben von einer Reihe Supernovae vom Typ Ia sowohl deren scheinbare Helligkeiten als auch z bestimmt. Trägt man die beiden Werte in einem Diagramm gegeneinander auf, so liegen sie im Rahmen der Fehlergrenzen (in der Grafik aus Gründen der Übersichtlichkeit nicht eingezeichnet) ziemlich gut auf einer Kurve, die für ein beschleunigt expandierendes Universum mit Ω_M gleich 0,3 und Ω_Λ gleich 0,7 berechnet wurde (oben). Kurven für ein Universum mit Ω_Λ gleich 0 passen weniger gut. Unten sind die Unterschiede in den gemessenen Helligkeiten zu den erwarteten Helligkeiten in einem leeren Universum gleichmäßiger Expansion (Ω_M und Ω_Λ gleich 0) aufgetragen. Dass die Objekte auf der Kurve für ein beschleunigt expandierendes Universum liegen, wird so noch deutlicher.

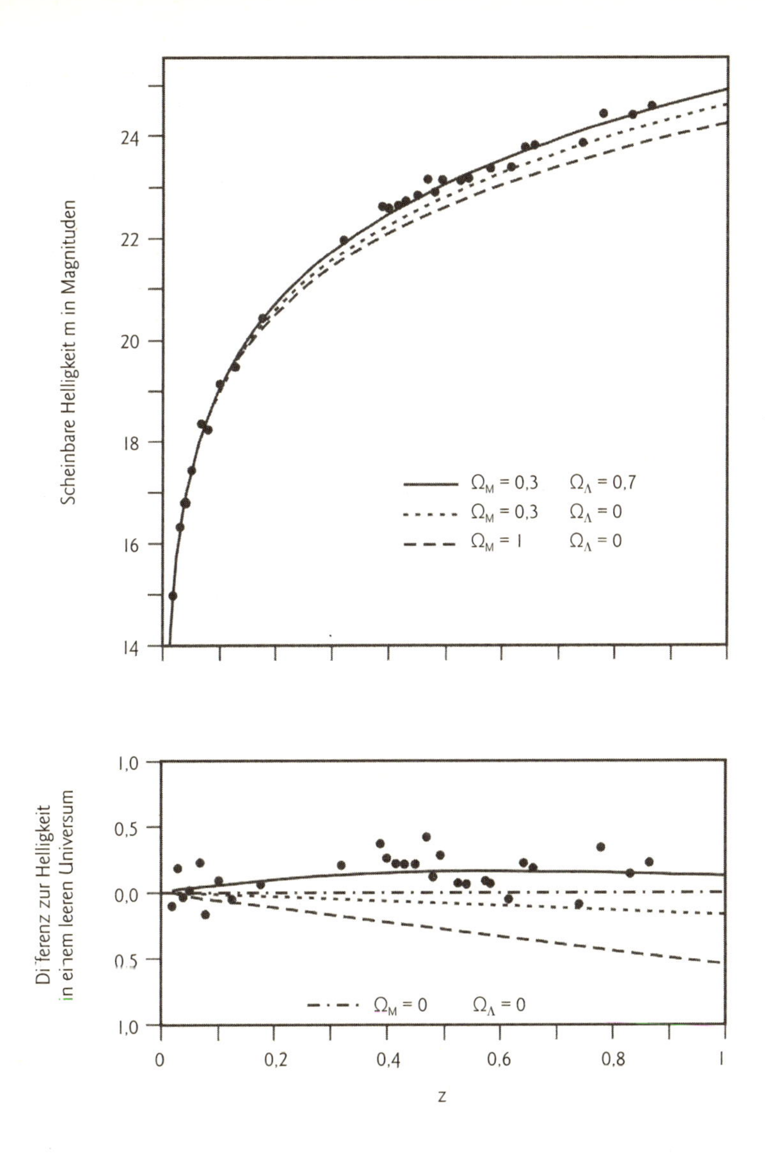
Scheinbare Helligkeit m in Magnituden
24
22
20
18
16
14
$\Omega_M = 0{,}3$ $\Omega_\Lambda = 0{,}7$
$\Omega_M = 0{,}3$ $\Omega_\Lambda = 0$
$\Omega_M = 1$ $\Omega_\Lambda = 0$
Differenz zur Helligkeit in einem leeren Universum
1,0
0,5
0,0
0,5
1,0
$\Omega_M = 0$ $\Omega_\Lambda = 0$
0
0,2
0,4
0,6
0,8
1
z

rechneten Kurven verschiedener Ω_M-Ω_Λ-Kombinationen verglichen. Dabei hat sich gezeigt, dass die Kurve mit Ω_M gleich 0,3 und Ω_Λ gleich 0,7 am besten mit den Messwerten übereinstimmt (siehe *Abb. 41* auf Seite 175).

Die Messungen an weit entfernten Supernovae führen also zum selben Ergebnis wie die Analyse der Hintergrundstrahlung! Für die Kosmologen ist diese Übereinstimmung der Resultate aus zwei völlig unterschiedlichen Verfahren eine starke Stütze für die Theorie eines flachen Universums, das zu rund 70 Prozent aus Dunkler Energie besteht.

Auf Fehlersuche

Natürlich haben sich die Kosmologen gefragt, ob die verminderte Helligkeit der Supernovae im Bereich von z gleich 0,3 bis 0,8 vielleicht auch auf andere Ursachen als auf die Expansion des Universums zurückzuführen sein könnte. Hat man eventuell einen Effekt übersehen, der sich ähnlich wie die angenommene Expansion auswirkt? Zum Beispiel könnte interstellarer Staub in unserer Milchstraße oder auch Staub der Galaxie, in der die Supernova beheimatet ist, das Licht auf seinem Weg zu uns streuen und so die Helligkeit reduzieren. Als Ergebnis dieses Prozesses müsste das Objekt nicht nur immer blasser, sondern auch immer röter erscheinen. Kurze Wellenlängen werden nämlich stärker gestreut als die langen, sodass schließlich der langwellige Strahlungsanteil beim Empfänger überwiegt. Ein deutliche Rötung war jedoch bei keiner der vermessenen Supernovae zu beobachten. Außerdem, wenn der Staub im Kosmos nicht völlig gleichmäßig verteilt ist, was höchstwahrscheinlich zutrifft, dann sollte sich das auf das Licht auswirken, das auf unterschiedlichen Wegen zu uns gelangt, beispielsweise von zwei Supernovae, die in verschiedenen Galaxien beheimatet sind. Die gemessenen Helligkeiten müssten demnach ziemlich schwanken. Aber auch davon war nichts zu bemerken.

Eine Fehlerquelle könnte auch der so genannte Gravitationslinseneffekt darstellen, von dem bereits im Kapitel über die Dunkle Materie die Rede war. Zur Erinnerung: Laut Einsteins Allgemeiner Relativitätstheorie verursacht eine Masse eine lokale Krümmung der Raumzeit. Dieser Krümmung muss auch das Licht folgen. Es breitet sich daher nicht geradlinig aus, wie wir es gemeinhin in unserer räumlich beschränkten Welt beobachten, sondern es erfährt eine umso größere Ablenkung, je näher es an einem massereichen Objekt vorbeistreicht. 1919 wurde dieser Effekt erstmals experimentell bestätigt. Dazu bestimmte man bei einer Sonnenfinsternis die Position eines Sterns am Himmel, der dicht neben dem Sonnenrand sichtbar war. Ein späterer Vergleich der gemessenen mit der berechneten Sternposition ergab dann tatsächlich die von Einstein vorhergesagte Ablenkung des Lichts. Wenn sich nun zwischen Supernova und Beobachter eine große Masse, beispielsweise eine Galaxie oder eine riesige Gaswolke, befindet, dann könnte dieser Effekt auch das von der Supernova kommende Lichtbündel so beeinflussen, dass es uns schwächer erscheint, als es tatsächlich ist. Aus der Theorie des Gravitationslinseneffekts folgt jedoch, dass eine merkliche Lichtschwächung erst bei Entfernungen zu erwarten ist, die viel größer sind als die der untersuchten Supernovae. Eine Verfälschung der Messungen durch den Gravitationslinseneffekt ist demnach nicht zu befürchten.

Bleiben noch die spezifischen Eigenschaften der verschiedenen Supernovae selbst. Es wäre ja durchaus möglich, dass sich nahe und weit entfernte, also hoch rotverschobene Supernovae systematisch unterscheiden. Beobachtet man beispielsweise eine Supernova vom Typ Ia mit einer Rotverschiebung von z gleich 1, so blickt man gleichzeitig zurück in die Vergangenheit, denn das Licht dieser Explosion hat knapp acht Milliarden Jahre gebraucht, um zu uns zu kommen. Es stammt demnach aus einer Zeit, als das Universum nicht älter war als rund sechs Milliarden Jahre. Der Weiße Zwerg, der für die Supernova-Explosion verantwortlich war, muss natürlich früher entstanden sein. Nimmt man an, der Weiße Zwerg stammt von einem ursprünglich zwei Sonnenmassen schweren Stern – ein Stern von zwei Sonnenmassen entwickelt sich in etwa einer Milliarde Jahren zu einem Weißen Zwerg –, so hätte sich der Stern zu einer Zeit gebildet, als das Universum nochmals zirka eine Milliarde Jahre jünger war. Der Weiße Zwerg einer Ia-Supernova mit einer Rotverschiebung von z gleich 0,1 muss dagegen lediglich mindestens zirka anderthalb Milliarden Jahre alt sein und könnte von einem Stern mit zwei Sonnenmassen stammen, der vor etwa zweieinhalb Milliarden Jahren geboren wurde. Zwischen den beiden Sterngeburten liegen also rund sechs Milliarden Jahre.

Nun machen Sterne im Lauf der Zeit eine chemische Entwicklung durch, die nicht zuletzt davon abhängt, wie stark die Gaswolke, aus welcher der Stern entstand, mit Metallen angereichert war, das heißt mit Elementen, die schwerer als Helium sind. Im frühen Universum bestanden die Wolken des interstellaren Mediums vornehmlich aus Wasserstoff und Helium. Doch je älter das Universum wurde, desto metallhaltiger wurden auch die interstellaren Gaswolken, denn jeder sterbende Stern schleuderte seine im Innern erbrüteten Elemente über Sternwinde oder eine Supernova-Explosion hinaus in den Raum. Sterne, die in der Frühzeit des Universums entstanden, waren dementsprechend ärmer an Metallen als Sterne einer späteren Epoche. Diese Entwicklung betrifft nicht nur die Sterne aufeinander folgender Generationen, sondern sie sollte sich auch in den Weißen Zwergen widerspiegeln, den Überresten ausgebrannter Sterne mit einer Anfangsmasse von bis zu acht Sonnenmassen. Unterschiede in der chemischen Zusammensetzung könnten daher sowohl die Leuchtkraft einer Supernova als auch den Verlauf ihrer Lichtkurve beeinflussen und zu Verfälschungen bei der Entfernungsbestimmung beitragen. Bisher hat man jedoch weder bedeutende systematische spektroskopische noch photometrische Unterschiede zwischen nahen und hoch rotverschobenen Ia-Supernovae feststellen können. Warum das so ist, weiß man nicht. Vielleicht liegt es daran, dass man zurzeit noch über zu wenige aussagekräftige Daten verfügt, denn Supernovae mit großem z sind sehr seltene Objekte. Vielleicht sind aber auch die Unterschiede nicht gravierend und somit ohne merklichen Einfluss auf Helligkeit und Lichtkurve. Noch kann man einen entwicklungsgeschichtlichen Einfluss auf die Leuchtkraft der Supernovae nicht völlig ausschließen. Für eine endgültige Beurteilung muss man noch viele Supernovae beobachten und fleißig Daten sammeln.

Alles in allem scheint es jedoch keine die Messdaten verfälschenden Effekte zu geben. Sehr wahrscheinlich sind die verringerten Helligkeiten weit entfernter Supernovae real und nicht nur vorgespiegelt. Demnach bleibt die Behauptung, aus der Helligkeit weit entfernter Supernovae lasse sich eine Menge Informationen über die Entwicklungsgeschichte des Universums gewinnen, zunächst unwidersprochen.

Noch ein Hinweis

Die Theorie eines beschleunigt expandierenden Universums stützt sich insbesondere auf SNIa mit einem z im Bereich von 0,3 bis 0,8. Das heißt: Alle diese Supernovae stammen aus einer Epoche, in der sich das Universum bereits beschleunigt ausdehnt. Aber wir haben uns ja schon überlegt, dass sich das Universum in seiner Jugend zunächst gebremst ausgedehnt haben muss, wobei sich der Umschwung von gebremster auf beschleunigte Expansion bei einem z von annähernd 1 ereignet haben dürfte, zu einer Zeit also, als das Universum etwa halb so groß war wie heute. Wenn man nun eine SNIa finden würde, mit einem z deutlich größer als 1, also aus der vermuteten Epoche der gebremsten Ausdehnung, dann müsste man ja anhand ihrer Helligkeit feststellen können, ob das mit dem Umschwung wirklich stimmt. Denn wenn sich das Universum früher gebremst ausgedehnt hat, so die Überlegung, dann können sich die Objekte nicht so weit von uns entfernt haben und müssten folglich heller erscheinen, als man es in einem sich ungebremst ausdehnenden Universum erwarten würde.

In der letzten Dezemberwoche des Jahres 1997 enteckten Ron Gilliland vom Space Telescope Science Institute und Mark Phillips vom Carnegie Institute of Washington mit dem Hubble-Space-Teleskop eine Supernova mit einer Rotverschiebung von z gleich 1,7. Dieses Objekt mit dem schönen Namen SN 1997ff ist rund elf Milliarden Lichtjahre entfernt. Zunächst war man sich nicht sicher, ob es sich dabei auch um eine Supernova vom Typ Ia handelt, da eine einzige Beobachtung nichts über den Verlauf der Lichtkurve aussagt. Doch im Sommer 1999 konnte die mittlerweile viel schwächer gewordene Supernova auf mehreren Infrarotaufnahmen von Mark Dickinson vom Space Telescope Science Institute erneut identifiziert werden, und im Juli 2000 war dann schließlich klar, dass SN 1997ff mit großer Wahrscheinlichkeit zum Typ Ia gehört. Damit konnte man auch SN 1997ff zur Entscheidung über die Art unseres Universums heranziehen.

Und was kam dabei heraus? Wie man es für eine Supernova mit so großem z erhofft hatte, war SN 1997ff tatsächlich deutlich heller, als man es für ein gleichmäßig expandierendes Universum erwarten durfte! Das aber lässt sich nur so erklären, dass SN 1997 ff aus einer Epoche stammt, in der das Universum noch verlangsamt expandierte. Hinzu kommt, dass auch diese Supernova im Hubble-Diagramm, im Rahmen der Fehlergrenzen, annähernd auf der Helligkeitsentfernungskurve mit Ω_M gleich 0,3 und Ω_Λ gleich 0,7 liegt. Die Theorie von einem Kosmos, in dem Λ nicht null ist und der sich zunächst gebremst, dann aber beschleunigt ausdehnt, scheint sich also erneut zu bestätigen.

Neben dem Blick in die Epoche der gebremsten Beschleunigung, den uns SN 1997 ff gestattet, ist diese Supernova noch in anderer Hinsicht von Bedeutung. Dass Licht auch von Staubpartikeln absorbiert und gestreut werden kann, was dann zu einer Rötung des Lichts im sichtbaren Bereich des elektromagnetischen Spektrums führen müsste, haben wir schon erwähnt. Der Effekt der Rötung träte jedoch nicht ein, wenn die Staubpartikel überdurchschnittlich groß wären. Denn derartig große Partikel würden absorbiertes Sternenlicht insbesondere im fernen infraroten Bereich des elektromagnetischen Spektrums wieder abstrahlen. Staub dieser Art müsste sich also auf Infrarotaufnahmen verraten. Doch auch davon hat man bisher nichts bemerkt. Außerdem müsste der Helligkeitsabfall umso ausgeprägter sein, je größer die Entfernung zur Supernova ist, weil damit auch die Staubsäule, die das Licht zu durchlaufen hätte, entsprechend länger wäre. Im Prinzip könnte die Helligkeit sogar exponentiell mit der Entfernung abnehmen, vorausgesetzt, der Staub ist homogen im Universum verteilt. Von einer derartigen Dämpfung der Helligkeit wäre natürlich SN 1997 ff am stärksten betroffen. Aber gerade diese Supernova ist im Widerspruch zu den angeführten Argumenten deutlich heller als erwartet. Staub als Ursache für eine verminderte Helligkeit kann man damit wohl endgültig vergessen.

Fasst man abschließend die Ergebnisse aus der Untersuchung der kosmischen Hintergrundstrahlung und der Entfernungsbestimmung anhand von Supernovae zusammen, so zeigt sich, dass zwei völlig unterschiedliche Verfahren zu gleichen Aussagen führen: Das Universum, in dem wir leben, ist anscheinend flach, es dehnt sich nach einer Periode gebremster Expansion beschleunigt aus, und es wird zurzeit zu 70 Prozent von Dunkler Energie und zu 30 Prozent von Materie dominiert. Für die Kosmologen ist diese Übereinstimmung ein gewichtiges Argument dafür, dass trotz der Unkenntnis über den Charakter der Dunklen Energie und der Komposition der Dunklen Materie die Entwicklung des Universums im Wesentlichen verstanden und nachvollziehbar ist.

Was ist Dunkle Energie?

Wenden wir uns nun der Dunklen Energie zu, die rund 70 Prozent des gesamten Universums ausmacht. Wir haben ja schon gesagt, dass man diesen mysteriösen Stoff mit der Energie des Vakuums in Verbindung bringen kann und dass die damit zusammenhängende kosmologische Konstante Λ im Gegensatz zur Materie eine repulsive, eine das Universum auseinander treibende Kraft ausübt. Die Ursache dieser ungewöhnlichen Eigenschaft der Vakuumenergie ist in ihrem negativen Druck zu suchen. Um zu verstehen, was damit gemeint ist, machen wir ein Gedankenexperiment. Stellen wir uns einen Zylinder vor, der durch einen beweglichen Kolben verschlossen ist.

Jetzt versuchen wir, den Kolben aus dem Zylinder herauszuziehen. Wäre der Zylinder mit einem normalen Gas gefüllt, das ja einen positiven Druck auf den Kolben ausübt, so würde der Gasdruck unsere Bemühungen unterstützen und den Kol-

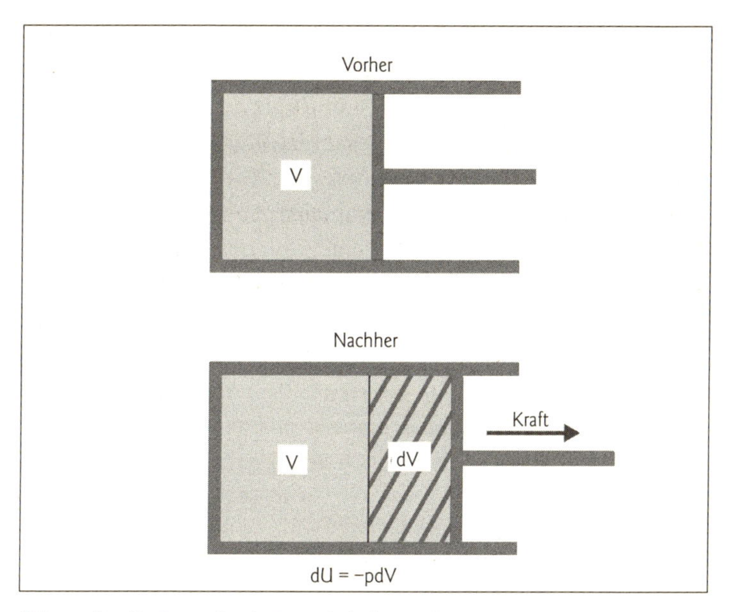

Abb. 42 Um die überraschende Eigenschaft der Dunklen Energie, einen negativen Druck auszuüben, verständlich zu machen, greift man auf den Energieerhaltungssatz zurück. Dazu stellt man sich einen Zylinder mit einem beweglichen Kolben vor, der mit der geheimnisvollen Substanz Dunkle Energie gefüllt ist. Für die Energie U im Zylinder gilt: $U = \rho_\Lambda \times V$, wobei V dem Zylindervolumen und ρ_Λ der Energiedichte der Dunklen Energie entsprechen. Zieht man den Kolben ein Stück aus dem Zylinder, so vergrößert man das Volumen V um den Anteil dV. Da definitionsgemäß die Energiedichte ρ_Λ des Stoffes im Zylinder eine Konstante ist, nimmt dabei die Energie U um den Anteil $dU = \rho_\Lambda \times dV$ zu. Nach dem Energieerhaltungssatz kann jedoch Energie nicht aus dem Nichts entstehen. Der zusätzliche Anteil dU entspricht der Arbeit, die am Kolben verrichtet wird. Man muss Kraft aufwenden, um den Kolben herauszuziehen. Das heißt aber, das Medium im Zylinder übt einen Sog aus, einen negativen Druck, der den Kolben in den Zylinder hineinzuziehen versucht. Setzt man die am Kolben verrichtete Arbeit $dU = -p \times dV$ gleich dem Energiezuwachs dU im Zylinder, so erhält man: $-p \times dV = \rho_\Lambda \times dV$ beziehungsweise $\rho_\Lambda = -p$. Das heißt: Dunkle Energie hat einen negativen Druck.

ben etwas aus dem Zylinder herauspressen. Enthielte der Zylinder jedoch Vakuumenergie, so müsste man überraschenderweise viel Kraft aufwenden, wollte man den Kolben ein Stück aus dem Zylinder herausziehen.

Dass das so ist, hängt mit der Dichte der Vakuumenergie zusammen. Als wir nach dem Wesen der Dunklen Energie gefragt haben und dabei zu der Auffassung gelangt sind, die Dunkle Energie könnte etwas mit der Vakuumenergie zu tun haben, sind wir auch auf die Gleichung $\rho_\Lambda = \Lambda/8\pi G$ gestoßen, welche die kosmologische Konstante Λ mit der Vakuumenergiedichte ρ_Λ verbindet. Da, wie der Name schon andeutet, Λ eine Konstante ist und weil damit auf der rechten Seite der Gleichung nur Konstanten stehen, muss auch die Vakuumenergiedichte ρ_Λ, also das Verhältnis von Vakuumenergie zum Volumen, eine Konstante sein, die immer gleich groß ist. Vergrößert man also das Volumen des Zylinders, indem man den Kolben herauszieht, so muss auch die Vakuumenergie zunehmen, damit sich der Wert der Energiedichte nicht ändert. Was man an Arbeit aufzuwenden hat, um den Kolben herauszuziehen, entspricht gerade dem Zuwachs an Vakuumenergie, der nötig ist, um die Energiedichte konstant zu halten. Da also anders als bei einem Gas mit positivem Druck Kraft aufzuwenden ist, um den Kolben herauszuziehen, muss der Druck des Mediums im Zylinder negativ sein. Ein negativer Druck, den man auch als Spannung bezeichnet, versucht somit den Kolben wieder in den Zylinder zurückzuziehen.

Dass der Druck tatsächlich negativ ist, zeigt uns auch der in der Physik so wichtige erste Hauptsatz der Thermodynamik, der unter anderem die Konstruktion eines mechanischen Perpetuum mobile verbietet. Dieser Satz besagt, dass die Energieänderung dU in einem Medium gleichzusetzen ist mit dem negativen Produkt aus dem Druck p und der Volumenänderung dV. Als Gleichung geschrieben heißt das: $dU = -pdV$. In unserem Gedankenexperiment wird die Energie dU durch die am Kolben geleistete Arbeit in das Medium im Zylinder hineingesteckt. Damit hat dU ein positives Vorzeichen. Aber auch die Volumenänderung dV hat ein positives Vorzeichen, denn wir vergrößern ja das Volumen beim Herausziehen des Kolbens. Wenn aber dU und dV positiv sind, dann kann sich gemäß der Gleichung das Minuszeichen nur noch auf den Druck p beziehen, das heißt: Das Medium im Zylinder hat einen negativen Druck.

Auf den ersten Blick sind diese Eigenschaften der Vakuumenergie sicherlich gewöhnungsbedürftig, sie sind aber keineswegs ungewöhnlich. Es gibt nämlich auch andere »Substanzen«, die uns wesentlich vertrauter sind als die Vakuumenergie und die ebenfalls einen negativen Druck ausüben beziehungsweise eine Spannung haben: Dazu gehören beispielsweise ein gespanntes Gummiband, oder eine gestreckte Feder.

Wie sich der Druck eines Mediums, speziell der negative Druck der Vakuumenergie, auf die Expansion des Universums auswirkt, muss noch untersucht werden. Bisher haben wir ja nur die anziehende Wirkung der Materie dafür verantwortlich gemacht, dass sich das Universum gebremst ausdehnt. Einsteins Gleichungen zur Allgemeinen Relativitätstheorie zeigen jedoch, dass die Art, wie das Universum expandiert, ob es sich gebremst oder beschleunigt ausdehnt, nicht nur vom Gehalt an Materie abhängt, sondern – vielleicht etwas überraschend – auch vom Druck p! An der aus den Einstein'schen Gleichungen abgeleiteten so genannten Beschleunigungsgleichung

$$\ddot{a} = -\frac{4}{3}\pi G a(\varepsilon + 3p)$$

ist das gut zu erkennen. (Die Lichtgeschwindigkeit c ist übrigens immer gleich 1 gesetzt.) Diskutieren wir zunächst, was diese Gleichung besagt. a ist ein Skalenfaktor, der nur von der Zeit abhängt und der Auskunft gibt über das Verhältnis der Ausdehnung des Universums R(t) zur Zeit t zu seiner heutigen Ausdehnung R_0. Will man etwas über die Geschwindigkeit wissen, mit der sich das Universum ausdehnt, so muss man a nach der Zeit t ableiten, was im Grunde nichts anderes heißt, als dass man a durch t dividieren muss. In der Mathematik kennzeichnet man Ableitungen nach der Zeit mit einem aufgesetzten Punkt, also $\dot{a}$. Nun steht aber auf der linken Seite der Beschleunigungsgleichung nicht $\dot{a}$, sondern $\ddot{a}$. Das ist jedoch nichts anderes als die erneute Ableitung von $\dot{a}$ nach der Zeit, also die Ableitung einer Geschwindigkeit nach der Zeit – und das ist eine Beschleunigung. Während also $\dot{a}$ eine Aussage macht über die Geschwindigkeit, mit der sich das Universums ausdehnt, macht $\ddot{a}$ eine Aussage darüber, wie die Ausdehnungsgeschwindigkeit mit der Zeit variiert. Ist $\ddot{a}$ negativ, so bedeutet das, dass die Ausdehnungsgeschwindigkeit immer kleiner wird, dass das Universum also gebremst expandiert. Ist $\ddot{a}$ dagegen positiv, so beschleunigt sich die Ausdehnung.

Ob nun $\ddot{a}$ positiv oder negativ wird, hängt vom Wert der Klammer auf der rechten Seite der Beschleunigungsgleichung ab. In dieser Klammer steht ε für die gesamte Energiedichte des Universums – dazu tragen sowohl Dunkle und leuchtende Materie als auch die Strahlung und die Dunkle Energie bei – und p für den Druck. Man sieht sofort: Das Vorzeichen auf der rechten Seite der Gleichung bleibt negativ, das heißt, die Expansion wird gebremst, solange $(\varepsilon + 3p)$ positiv ausfällt. Wird jedoch die Klammer $(\varepsilon + 3p)$ negativ, so kehrt sich das Vorzeichen um, womit die Expansion sich beschleunigt.

Man kann die Gleichung noch etwas vereinfachen, indem man ε und p in einer so genannten Zustandsgleichung kombiniert und $p = w \times \varepsilon$ setzt. Damit geht die Beschleunigungsgleichung über in den Ausdruck $\ddot{a} = -(4/3)\pi Ga(1+3w)\varepsilon$. Der Druck p ist jetzt praktisch in der Größe w versteckt, die nun allein darüber entscheidet, ob die Klammer positiv oder negativ wird. Solange w größer ist als –1/3 expandiert das Universum gebremst, beschleunigt dagegen für Werte von w kleiner als –1/3. Wer ein Problem damit hat zu entscheiden, welche Zahlen größer beziehungsweise kleiner sind als –1/3, kann sich anhand einer Zahlengeraden orientieren, bei der rechts vom Nullpunkt die positiven Zahlen und links davon die negativen aufgetragen sind. Übrigens, die Größe G in der Beschleunigungsgleichung, die wir bisher noch nicht erwähnt haben, ist die Gravitationskonstante. Aber die soll uns hier nicht weiter interessieren.

Ein w entscheidet

Da sowohl die Strahlung als auch die Materie und die Dunkle Energie, die alle zum Energiegehalt des Universums beitragen, ihr eigenes w besitzen, wollen wir uns jetzt ansehen, welche Werte der Parameter w annehmen kann. Dazu stellen wir uns zunächst ein Universum vor, das nur Materie enthält. Da Materie, egal, ob sichtbar oder dunkel, bei der Expansion des Universums im Raum mitschwimmt, übt sie keinen Druck aus. Man darf daher p gleich null setzen. Damit nimmt auch w entsprechend der Zustandsgleichung $p = w \times \varepsilon$ den Wert null an, und in der Klammer steht nur noch eine 1. Der Wert der Klammer ist also positiv, und wir erhalten das schon vertraute Ergebnis, dass Materie die Ausdehnung des Universums aufgrund ihrer gegenseitigen Anziehung abbremst.

Hat man es dagegen mit einem strahlungsdominierten Universum zu tun, das heißt mit einem Universum, dessen Energie im Wesentlichen aus Strahlung besteht, so ist p nicht mehr zu vernachlässigen. Photonen haben zwar keine Masse, aber sie besitzen einen Impuls, den sie aufgrund ihrer Bewegung mit Lichtgeschwindigkeit transportieren. Impulstransport pro Zeit durch eine Fläche entspricht aber einem Druck. Da die Strahlung im Allgemeinen isotrop ist, das heißt sich in alle drei Richtungen des Raumes gleich ausbreitet, ist p gleich $\varepsilon/3$ und somit w gleich 1/3. Jetzt steht in der Klammer eine 2, was bedeutet, dass ein mit Strahlung gefülltes Universum in seiner Ausdehnung doppelt so schnell abgebremst wird wie ein Universum, das nur Materie enthält. Strahlung und Materie als Komponenten des Universums führen also stets zu einer gebremsten Expansion.

In einem von Vakuumenergie dominierten Universum verhält es sich anders. Aus Gründen der Energieerhaltung und der Tatsache, dass die Energiedichte der Vakuumenergie zeitlich konstant ist, muss p gleich $-\varepsilon$ sein, sodass w entsprechend der Zustandsgleichung den Wert -1 annimmt. Damit wird der Ausdruck in der Klammer insgesamt negativ und die Beschleunigung $\ddot{a}$ folglich positiv. Eine kosmologische Konstante beziehungsweise der negative Druck der mit ihr verknüpften Vakuumenergie treibt demnach das Universum auseinander und bewirkt, dass sich die Expansion des Universums beschleunigt. Interessant ist, dass dieser Effekt selbstverstärkend wirkt. Das heißt, je weiter sich das Universum ausdehnt, desto mehr beschleunigt sich die Expansion. Den Grund dafür kennen wir bereits: Bei der Ausdehnung des Universums muss die Vakuumenergie zunehmen, damit ihre Energiedichte wie gefordert konstant bleibt. Eine größere Vakuumenergie führt aber zu einem erhöhten negativen Druck, der die Expansion weiter beschleunigt, wodurch wiederum die Vakuumenergie noch schneller anwächst. Ist der Prozess der Expansionsbeschleunigung durch die kosmologische Konstante einmal eingeläutet, so gibt es im Prinzip kein Halten mehr. Das Universum expandiert fortan exponentiell mit der Zeit.

In analoger Weise lässt sich übrigens auch die inflationäre Expansion erklären, die – folgt man den Theorien der Kosmologen – unser Universum unmittelbar nach dem Urknall erfahren hat. In dem winzigen Zeitraum von etwa 10^{-35} bis 10^{-33} Sekunden nach dem Big Bang soll sich nämlich die Größe des Universums alle 10^{-35} Sekunden verdoppelt haben. Mit anderen

Worten: In der extrem kurzen Zeit von etwa 10^{-33} Sekunden hat sich das Universum um den Faktor 10^{29} ausgedehnt! Als treibende Kraft dieser Expansion vermuten die Kosmologen fluktuierende skalare, das heißt ungerichtete Felder, die den Raum erfüllt haben. Deren Energie könnte wie eine kosmologische Konstante wirken, die das Universum auseinander treibt.

Die Entwicklung des Universums hängt also davon ab, ob die Strahlung, die Materie oder die Dunkle Energie im Universum dominiert. Doch deren Energiedichten sind zeitlich nicht konstant. Man kann zeigen, dass sie sich proportional zu $a^{-3(1+w)}$ ändern, mit a als dem schon bekannten Skalenfaktor. Setzt man in diesen Ausdruck den zu jeder Komponente gehörenden w-Wert ein, also 1/3, 0 oder –1, so erhält man als Ergebnis, dass die Energiedichte der Strahlung proportional zur vierten Potenz der Ausdehnung des Universums abnimmt und die der Materie proportional zur dritten Potenz. Die zu Λ gehörende Energiedichte ist dagegen von a unabhängig, was bedeutet, dass sie immer den gleichen Wert hat, unabhängig davon, wie groß beziehungsweise alt das Universum ist.

In der Frühzeit – also bis etwa 10 000 Jahre nach dem Urknall – war der Beitrag der Strahlung dominant, was in dem Begriff »strahlungsdominiertes Universum« zum Ausdruck kommt. Bis zu diesem Zeitpunkt spielten Materie und kosmologische Konstante Λ für die Entwicklung des Universums eine eher untergeordnete Rolle. Mit wachsender Ausdehnung büßte dann entsprechend der Beziehung $a^{-3(1+w)}$ als Erstes die Strahlung ihren Einfluss auf das Expansionsverhalten ein. Im so genannten materiedominierten Universum, das nun begann, waren im Wesentlichen nur noch die Materie und die Dunkle Energie für das Expansionsverhalten verantwortlich. Da aber die Energiedichte der Materie zunächst die der kosmologischen Konstante bei weitem übertraf, expandierte das Universum auch zu Beginn der materiedominierten Ära noch gebremst. Erst die fortwährende Expansion verdünnte die Materie so weit, dass schließlich vor etwa fünf bis sieben Milliarden Jahren die kosmologische Konstante mit der Energiedichte der Materie gleichzog.

In diesem speziellen Augenblick hoben sich die bremsen-

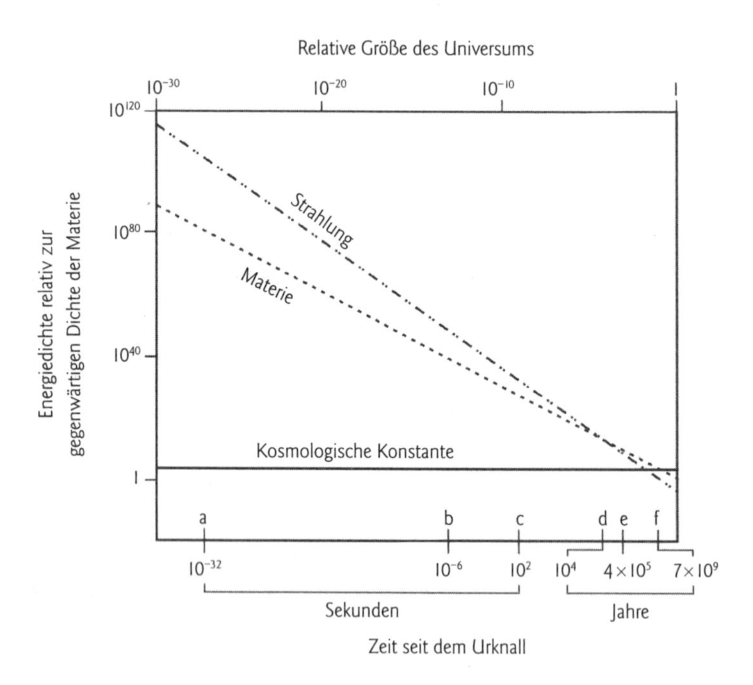

Abb. 43 Während die kosmologische Konstante immer den gleichen Wert hat, ändern sich die Energiedichten von Strahlung und Materie mit der Expansion des Universums. Diejenige der Strahlung nimmt proportional zur Größe des Universums hoch vier, diejenige der Materie hoch drei ab. Im Lauf der Zeit gewinnt demnach zuerst die Materie die Oberhand über die Strahlung (Punkt d), und später überholt die kosmologische Konstante die Materie (Punkt f). Ab hier beginnt das Universum, beschleunigt zu expandieren. Die restlichen Punkte bezeichnen: a: das Ende der inflationären Expansion, b: die Entstehung von Protonen und Neutronen, c: die Bildung der Kerne der leichten Elemente und Isotope Deuterium, Tritium, Helium-3, Helium-4, Beryllium und Lithium (primordiale Nukleosynthese), e: die Phase der Rekombination, das heißt die Bildung der ersten Atome.

de Wirkung der Materie und die beschleunigende Wirkung von Λ gerade auf, sodass sich das Universum weder gebremst noch beschleunigt, sondern gleichmäßig ausdehnte. Unmittelbar danach verhalf dann die Expansion der kosmologischen Konstante endgültig zur Übermacht, und das Universum begann beschleunigt zu expandieren. Heute ist, wie wir schon wissen, die zu Λ gehörende Energiedichte mehr als doppelt so groß wie die der Materie, und das Universum dehnt sich immer schneller aus.

Das Λ-Dilemma

Nach allem was wir bisher über die Dunkle Energie erfahren haben, scheint die Annahme, dass es sich bei diesem ominösen Stoff um die Energie des Vakuums handeln könnte, insgesamt recht vernünftig. Doch die Kosmologen haben ihre Zweifel an dieser Erklärung. Drei Punkte machen sie stutzig. Da ist zum einen die Tatsache, dass Λ gerade den Wert besitzt, der das Universum zu dem hat werden lassen, was wir heute vorfinden. Wäre Λ kleiner, das Universum wäre deutlich jünger, vielleicht so jung, dass die kurze Zeit nicht für die Entwicklung von Leben ausgereicht hätte. Wäre Λ gar negativ, so könnte das Universum seine größte Ausdehnung bereits hinter sich haben und eventuell schon wieder auf einen Punkt zusammengeschnurrt und folglich verschwunden sein. Andererseits – wäre Λ größer, hätte sich das Universum so schnell ausgedehnt, dass die Materie nicht hätte zusammenklumpen können. In diesem Fall wäre das Universum strukturlos geblieben, und es gäbe weder Sterne noch Galaxien im Kosmos. Da aber Λ eine Konstante ist, muss ihr Wert schon von Anbeginn des Universums so exakt eingestellt gewesen sein, dass gerade die Entwicklung ablief, die wir in unseren Theorien nachzeichnen können und deren Ergebnis wir heute beobachten. Ist das wirklich nur ein Zufall?

Den zweiten Punkt, der die Kosmologen verwundert, haben wir weiter oben schon diskutiert. Es handelt sich um das so genannte Koinzidenzproblem. Man versteht darunter die Tatsache, dass gegenwärtig der Dichteparameter Ω_M der Materie bis auf einen Faktor von ungefähr 2 gleich dem Dichteparameter Ω_Λ der Dunklen Energie ist. Da sich das Verhältnis von Ω_M zu Ω_Λ mit der Zeit ändert – wir erinnern uns: in der Vergangenheit war Ω_M viel größer als Ω_Λ, während es zukünftig genau umgekehrt sein wird –, mutet es schon sonderbar an, dass Ω_M und Ω_Λ gerade heute von gleicher Größenordnung sind. Demnach leben wir in dem ausgezeichneten Augenblick – auf ein paar Milliarden Jahre hin oder her soll es uns hier nicht ankommen –, in dem das Universum von gebremster auf beschleunigte Expansion umschaltet. Obendrein haben wir auch noch das Glück, diesen Umschwung beispielsweise durch die Beobachtung von Supernova-Explosionen direkt mitverfolgen zu können. Also noch so ein Zufall?

Und schließlich der dritte Punkt, eines der ganz großen Probleme, mit denen sich die Physik heute auseinander zu setzen hat: nämlich der Wert von Λ. Astronomische Beobachtungen führen nämlich zu dem Ergebnis, dass die Energiedichte von Λ, also ρ_Λ, vergleichbar ist mit der kritischen Energiedichte ρ_c, deren Wert 2×10^{-29} Gramm pro Kubikzentimeter beträgt. Doch das steht im eklatanten Widerspruch zu den Leitsätzen der Quantenfeldtheorie. Ihnen zufolge berechnen die Theoretiker die Energiedichte ρ_{Vac} des Vakuumzustands mit 10^{92} Gramm pro Kubikzentimeter. Das ist ein Unterschied von 120 Größenordnungen! Wäre Λ tatsächlich so groß, dann würde das Universum so rasant expandieren, dass wir nicht mal die Finger unserer Hand am ausgestreckten Arm sehen könnten, weil das von dort ausgehende Licht unser Auge nicht erreichen könnte. Unter solchen Umständen wäre das Universum absolut strukturlos geblieben. Die Expansion hätte die Materie mit einer Geschwindigkeit auseinander gezerrt, die eine Verdichtung der Materie zu Sternen und Galaxien verhindert hätte. Einige Wissenschaftler schließen jedoch die Möglichkeit nicht aus, dass ρ_{Vac} durch bisher unentdeckte Symmetrien oder noch unbekannte Effekte auf den Wert von ρ_{Λ} gedrückt wurde. Doch diese Reduzierung müsste mit einer Präzision erfolgen, die bis zur 120. Stelle nach dem Komma noch stimmt. Ein derartiger Grad an Feinabstimmung erscheint selbst den Verfechtern dieser Theorie in hohem Maße unwahrscheinlich.

Quintessenz statt Λ?

Um die Probleme zu vermeiden, welche die kosmologische Konstante aufwirft, bedarf es offensichtlich neuer physikalischer Ansätze zur Erklärung der Dunklen Energie. Eine Lösung könnte die so genannte Quintessenz sein. Der Name stammt aus der Naturphilosophie der Antike und bezeichnete damals neben den Elementen Erde, Wasser, Feuer und Luft ein fünftes unbekanntes Seiendes, das den Kosmos gleichmäßig erfüllt und das verhindern sollte, dass die Planeten zum Mittelpunkt der Himmelssphäre stürzen. In Analogie zu diesem rätselhaften Fluidum taufte man die zu Λ alternative Energieform auf den Namen »Quintessenz«.

Was hat man sich unter dem Begriff »Quintessenz« vorzustellen? Die Kosmologen sehen darin ein skalares Energiefeld, das den Raum gleichmäßig ausfüllt und das in jedem Punkt des Raumes eine bestimmte Stärke, aber keine ausgezeichnete Richtung aufweist. Beispiele für skalare Felder sind unter anderem das Temperatur- oder das Druckfeld der Atmosphäre. An jedem Ort kann man eine bestimmte Lufttemperatur und einen bestimmten Luftdruck messen, diesen Werten aber keine Richtung zuweisen. Anders verhält es sich bei einem Magnetfeld. Magnetfelder sind keine skalaren, sondern Vektorfelder. Hier verfügt das Feld in jedem Punkt über eine gewisse Stärke, und die Feldlinien folgen einer gewissen Richtung, beispielsweise vom Nordpol eines Magneten zum Südpol.

Was die Quintessenz gegenüber Λ auszeichnet, ist ihre Veränderlichkeit. Während Λ in Raum und Zeit konstant ist und schon zu Beginn des Universums auf den passenden Wert abgestimmt sein muss, um das Universum so werden zu lassen, wie es heute ist, soll die Quintessenz in ihrer Stärke zeitlich variabel sein. Man stellt sich vor, dass die Energiedichte dieses Feldes anfänglich von ähnlicher Größenordnung war wie die Strahlungsdichte und dass sie sich im Laufe der Expansion parallel zur Strahlungsdichte zu immer kleineren Werten entwickelt hat.

Derartige Felder bezeichnet man auch als Spurfelder, da sie wie auf Schienen getreu der Entwicklung der Strahlungsdichte folgen. Auf diese Weise könnte sich die Quintessenz auf natürliche Art dem Wert von Λ nähern. Ferner soll es der Quintessenz auch erlaubt sein, in unterschiedlichen Punkten des Raumes zu verschiedenen Zeiten unterschiedliche Werte anzunehmen. Das w der Quintessenz hätte also keinen festen Wert mehr wie bei der kosmologischen Konstante, sondern es kann sich mit der Zeit ändern und theoretisch zwischen 0 und –1 schwanken. Soll die Quintessenz jedoch abstoßend wirken, so darf ihr w nicht größer als –1/3 werden.

Je nachdem, wie sich das Quintessenzfeld zeitlich entwickelt, entweder langsam oder schnell, könnte die Quintessenz nach den Vorstellungen der Kosmologen in unterschiedlichen Formen auftreten. So könnte beispielsweise das Feld zu einem gewissen Zeitpunkt, etwa wenn die Materiedichte gerade mit der Strahlungsdichte gleichzieht, aus seiner zur Energiedichte

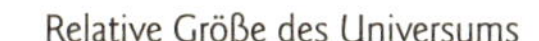

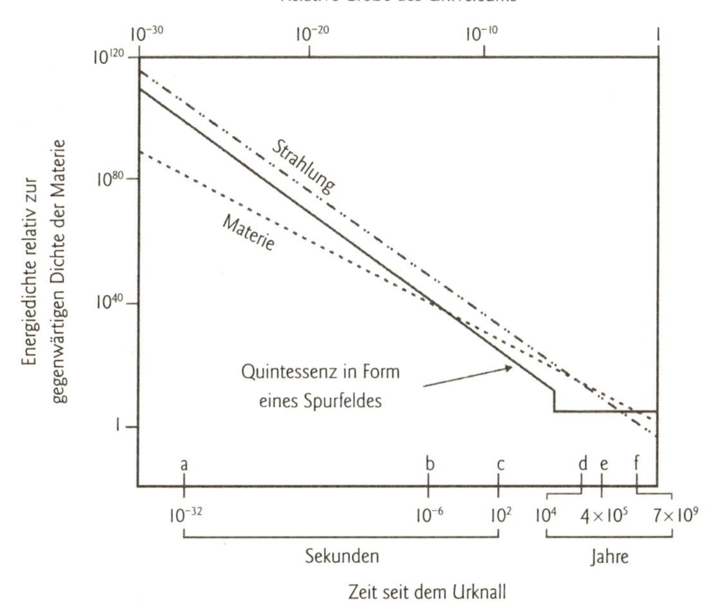

Abb. 44 Im Gegensatz zur kosmologischen Konstante ist die Quintessenz eine mit der Zeit veränderliche Form von Dunkler Energie. Beispielsweise könnte sich, wie in der Grafik dargestellt, die Quintessenz parallel zur Energiedichte der Strahlung entwickeln und dann zu einem gewissen Zeitpunkt auf einem Wert verharren, der dem der kosmologischen Konstante entspricht. Zeigt die Quintessenz ein solch »linientreues« Verhalten, so bezeichnet man sie auch als Spurfeld. Wie die kosmologische Konstante in der *Abb. 43* (siehe Seite 190) überholt auch die Quintessenz die Materiedichte im Punkt f. Die Punkte a bis e sind den gleichen Ereignissen wie in *Abb. 43* zugeordnet.

parallelen Spur geworfen werden und auf einen konstanten Wert einrasten, der dem der kosmologischen Konstante entspricht. Auf diese Weise fixiert, würde die Quintessenz ähnlich wie die kosmologische Konstante die sich stetig verringernde Materiedichte schließlich überholen und so das Zepter im Universum übernehmen.

Nicht ausschließen wollen die Kosmologen auch die Möglichkeit, dass die Quintessenz aus zusätzlichen Dimensionen im Universum resultiert, wie sie die schon erwähnte Stringtheorie fordert. In dieser Theorie sind Elementarteilchen wie Elektronen und Quarks nicht mehr punktförmig, sondern das Ergebnis unterschiedlicher Schwingungszustände eindimensionaler, ausgedehnter saitenähnlicher Gebilde, der so genannten Strings. Problematisch an der Stringtheorie ist, dass ihre Wirkung nur in einem Raum von zehn oder elf Dimensionen erklärbar ist. Da wir bisher von diesen Dimensionen nichts bemerkt haben, sehen sich die Stringtheoretiker zu der Annahme gezwungen, dass die zusätzlichen Dimensionen eingerollt sind. Ihr Rollradius müsste aber so klein sein, dass eventuelle Auswirkungen dieser Zusatzdimensionen unterhalb der Empfindlichkeitsschwelle unserer heutigen Instrumente liegen. Dennoch könnten diese unsichtbaren Dimensionen wie ein Feld wirken, das den Kosmos auseinander treibt.

Welcher Quintessenzform man auch immer den Vorzug geben mag, insgesamt beruhen alle in hohem Maße auf purer Spekulation. Weder hat man bisher einen Hinweis auf derartige Felder gefunden noch Kentnis darüber, welche Art von Feldern in der Lage sind, einen negativen Druck aufzubauen. Um zwischen den einzelnen Theorien unterscheiden zu können, müsste man den Wert der Größe w genau kennen und wissen ob und wie sich w im Laufe der Zeit verändert. Gegenwärtig deuten die Messergebnisse an weit entfernten Supernovae auf ein w von –1 hin. Doch was war in der Vergangenheit? Wie hat sich w verändert, wenn es sich denn überhaupt verändert hat?

Spielt man die Entwicklungsgeschichte des Universums mit den verschiedenen Formen der Dunklen Energie durch, so zeigt sich, dass die Unterschiede außerordentlich gering sind. Um sich für ein bestimmtes Modell der Dunklen Energie entscheiden zu können, bräuchte man die Daten von Supernovae, deren Anzahl die der bisher entdeckten um das mehr als Hundertfache übersteigt. Außerdem müssten die Messungen mindestens zehnmal präziser sein und etwa doppelt so weit in der Zeit zurückreichen. An der Menge der Supernovae, die für ein derartiges Vorhaben geeignet sind, besteht sicher kein Mangel. Alle paar Sekunden explodiert ein Stern irgendwo im Universum. Das Problem liegt vielmehr darin, diese Ereignisse in den Tiefen des Raumes aufzuspüren und zu vermessen. In naher Zukunft ist ein Satellit mit dem Kürzel SNAP – Supernova Acceleration Probe – für diese Aufgabe vorgesehen. Mit seinem Zwei-Meter-Teleskop soll SNAP über einen Zeitraum von drei Jahren mehrere tausend Supernovae mit einer Rotverschiebung z zwischen 1 und 2 erfassen. Anhand der Ergebnisse dieser Messkampagne hofft man sodann, die Entwicklungshistorie des Universums während der letzten zehn Milliarden Jahre detailliert nachzeichnen zu können und so neue Erkenntnisse über die Größe w und die Form der Dunklen Energie zu erhalten.

Das w im Fokus

Die Aufmerksamkeit der Kosmologen konzentriert sich zunehmend auf den Wert von w. Was bei den Messungen herauskommt, könnte die Vorstellung über die Zukunft unseres Universums revolutionieren. Als die Dunkle Energie noch nicht zur Diskussion gestanden hatte und das Universum von Materie dominiert zu sein schien, war die gängige Lehrmeinung, dass der Kosmos bis in alle Ewigkeit gebremst expandiert. Unter diesen Umständen würde sich unser Horizont, also der unserer Beobachtung zugängliche Teil des Kosmos, schneller weiten, als sich das Universum ausdehnt. Dabei entspricht die Weite des Horizonts der Entfernung, die das Licht seit dem Urknall zurückgelegt haben kann. Würde das Universum verlangsamt expandieren, so würden zwar das für uns beobachtbare Volumen und damit die Menge der Objekte wie Sterne und Galaxien stetig anwachsen, das Universum insgesamt aber würde zunehmend erkalten und sich aufgrund der wachsenden Entfernungen stetig mehr verdunkeln.

Seit man jedoch die Existenz einer unbekannten Form Dunkler Energie akzeptieren muss, hat sich der Fokus in Richtung eines beschleunigt expandierenden Universums mit einem w in den Grenzen zwischen –1/3 und –1 verschoben. Ein derartiges Universum weitet sich schneller als unser Horizont. Es wird nicht nur rascher dunkler und kälter, sondern für einen Beobachter auch zunehmend leerer. Galaxien, die heute noch am Rande unseres Horizonts liegen, driften in absehbarer Zeit über die Beobachtungsgrenze hinaus und verschwinden aus unserem Blickfeld. Die Struktur des Universums und der gravitative Zusammenhalt der Galaxien bleibt von all dem jedoch unbeeinflusst. Vielleicht wird daher in ferner Zukunft die Beschäftigung mit der Kosmologie etwas weniger aufregend sein, aber dass es damit ein Ende hat, muss man nicht befürchten.

All das ist nicht besonders neu. Doch was geschähe, wenn sich herausstellen sollte, dass w kleiner ist als –1? Anhand der gegenwärtigen Messergebnisse lässt sich nicht ausschließen, dass w gleich –1,5 oder gar –2 ist. Erinnern wir uns daran, dass sich die Energiedichte ε im Universum proportional zum Skalenfaktor $a^{-3(1+w)}$ ändert. Bis zu einem w von –1 nimmt ε mit der Ausdehnung des Universums ab. Doch sobald w kleiner wird als –1, wächst der Ausdruck $a^{-3(1+w)}$ und damit die Energiedichte der Dunklen Energie in endlicher Zeit über alle Grenzen. Dann hätte man es mit einer »Phantomenergie« zu tun, die das Universum in einem »Big Rip« auseinander reißen müsste. Im Gegensatz zu einem Universum mit einer kosmologischen

Konstante entsprechend w gleich –1 würde die Phantomenergie das Verschwinden der Objekte immer mehr beschleunigen, bis sich der Horizont letztendlich ganz um den Beobachter schließt. Die Energiedichte würde sich schließlich dermaßen verstärken, dass sich selbst durch die Gravitation aneinander gebundene Strukturen auflösten. Robert R. Caldwell, Marc Kamionkowski und Nevin N. Weinberg haben ausgerechnet, dass bei einem w von –1,5 der Big Rip bereits in etwa 22 Milliarden Jahren eintreten sollte. Etwa eine Milliarde Jahre vor diesem Ereignis würden sich die Galaxienhaufen auflösen, 900 Millionen Jahre später würde die Milchstraße zerstört, drei Monate vor dem Big Rip könnte unsere Sonne die Planeten nicht mehr halten, und selbst unsere Erde würde vor Ablauf der letzten 30 Minuten zerrissen werden. Gleiches gilt auch für Strukturen, die über elektromagnetische oder über Kernkräfte aneinander gebunden sind. Etwa 10^{-19} Sekunden vor dem Big Rip erwischt es die Moleküle, anschließend die Atome, und schließlich werden auch noch die Kernbausteine, die Protonen und Neutronen, in ihre Bestandteile, die Quarks, zerlegt. Von da an wäre die Materie homogen im Universum verteilt und ein Zusammenklumpen aufgrund gravitativer Instabilitäten fortan für immer unmöglich.

Eingedenk dieser Szenarien leben wir in einer aufregenden Zeit. Die Forschung nach dem exakten Wert von w kommt dem Ritt auf einer Rasierklinge gleich. Ein winziger Schritt zu kleineren Werten entscheidet zwischen einem Universum, in dem entweder die kosmologische Konstante beziehungsweise eine irgendwie geartete Form von Quintessenz regiert oder eine alles vernichtende Phantomenergie. Man darf schon heute gespannt sein, was die nächsten Jahre bringen. Doch was auch immer das Ergebnis sein wird, vermutlich werden mehr neue Fragen aufgeworfen als alte Probleme gelöst. Douglas Adams hat diese Vermutung etwas überspitzt in einer wunderbaren

Theorie zusammengefasst, die besagt: Sollte jemals ein Mensch exakt erklären können, was das Universum ist und warum es existiert, so wird es auf der Stelle verschwinden und durch etwas ersetzt, das noch bizarrer und noch unerklärlicher ist. Einige Leute sind der Meinung, das sei bereits passiert.

Schlussakkord

Betrachtet man die bisher gewonnenen Erkenntnisse, so fällt auf, dass ein enger Zusammenhang besteht zwischen der im Universum empirisch ermittelten Materiedichte, den Analyseresultaten der kosmischen Hintergrundstrahlung und den Daten, die sich aus der Untersuchung weit entfernter Supernovae ergeben. Listen wir nochmals das Wesentliche dazu auf. Da ist zunächst das Verhältnis der in Galaxienhaufen sichtbaren Materie zur Gesamtmasse dieser Haufen. Ein Vergleich zeigt, dass ein Großteil der Materie dunkel sein muss und von nichtbaryonischer Natur ist. Außerdem hat die Aufsummierung der Materie in den Galaxien- und Superhaufen zum Ergebnis, dass die Massendichte im Universum klein ist, sogar deutlich kleiner als die kritische Dichte ρ_c. Des Weiteren lässt sich aus den Temperaturschwankungen der kosmischen Hintergrundstrahlung die Krümmung des Universums ableiten, mit dem Ergebnis, dass das Universum aller Wahrscheinlichkeit nach flach ist. Und drittens deutet der Vergleich der erwarteten scheinbaren Helligkeit entfernter Supernovae einer bestimmten Rotverschiebung mit den gemessenen Werten darauf hin, dass wir in einem beschleunigt expandierenden Universum leben.

Aufgrund dieser gesicherten Erkenntnisse kann man heute einige der bisher diskutierten Theorien von der Liste der kosmologischen Modelle streichen. So zum Beispiel ein Universum mit hoher Materiedichte, das gebremst expandiert und in ferner Zukunft vielleicht sogar wieder in sich zusammenfällt. Auch ein nahezu leeres Universum von geringer Massendichte, aber ohne eine Form Dunkler Energie scheint ausgeschlossen. Vielmehr weist alles auf ein Universum hin, das flach ist, in dem die Dunkle Energie überwiegt und dessen Energieinhalt der kritischen Dichte gleichkommt.

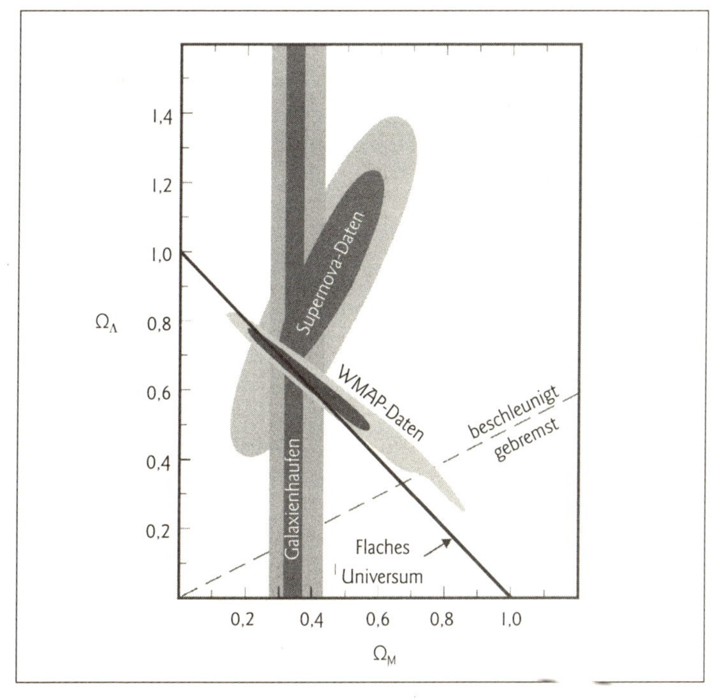

Abb. 45 In einer Zusammenschau, herausgegeben von der ESO im Juni 2004, sind die Ergebnisse der Messungen an weit entfernten Supernovae, der Analyse der Hintergrundstrahlung und der Bestimmung der Materiedichte im Universum in Form grauer Flächen eingetragen. Die Breite der Balken beziehungsweise Flächen spiegelt den Zuverlässigkeitsgrad der jeweiligen Ergebnisse wider. Man sieht, dass alle drei Bereiche auf der Geraden für ein flaches Universum im Punkt $\Omega_M = 0{,}3$ und $\Omega_\Lambda = 0{,}7$ überlappen. Dass die unabhängig voneinander ermittelten Resultate ein so einheitliches Bild ergeben, darf man als eine Bestätigung für die Theorie ansehen, dass wir in einem flachen Universum leben.

Wie gut die Übereinstimmung ist, zeigt eindrucksvoll eine im Juni 2004 von der European Space Organisation (ESO) veröffentlichte Zusammenschau der bisherigen Ergebnisse. Die hell- beziehungsweise dunkelgrauen Flächen der Abbildung auf Seite 201 repräsentieren die Ergebnisse aus den Untersuchungen zur Bestimmung der Materiedichte in Galaxienhaufen, jene aus der Analyse der Hintergrundstrahlung und die Daten der Messungen an hoch rotverschobenen Supernovae. Wie es bei einem flachen Universum sein soll, überlagern sich im Rahmen der Fehlergrenzen die drei Datenbereiche ziemlich genau in dem Punkt mit den Koordinaten Ω_M = 0,3 und Ω_Λ = 0,7. Dass die Zusammenschau der unabhängig voneinander ermittelten Resultate ein so einheitliches Bild ergibt, macht die Kosmologen ziemlich sicher, dass sie mit ihren Theorien zur Entwicklungsgeschichte unseres Universums auf dem richtigen Weg sind.

Dennoch gibt es immer wieder Ansätze, ein einfacheres Modell für ein flaches Universum ohne Dunkle Energie, ja sogar ohne Dunkle Materie zu finden. T. Shanks von der University of Durham in England denkt dabei an eine kleinere Hubble-Konstante H_0. Der Wert dieses Parameters ist nach wie vor mit einigen Unsicherheiten behaftet. Edwin Hubble hatte ihn 1929 erstmals auf 530 km/s/Mpc festgelegt. Mittlerweile ist er durch immer genauere Messungen auf etwa 72 km/s/Mpc gedrückt worden. Shanks spekuliert nun, dass das noch nicht das Ende der Fahnenstange ist. Sollte sich wider Erwarten herausstellen, dass H_0 gleich oder gar kleiner als 40 km/s/Mpc ist, so wäre man alle Sorgen mit Dunkler Materie und Energie los, weil dann die kritische Dichte ρ_c, die sich proportional zum Quadrat von H_0 ändert, nur noch etwa ein Drittel ihres heutigen Wertes besäße. Mit anderen Worten: Dann wäre die Materiedichte im Universum vergleichbar mit der kritischen Dichte und der Dichteparameter $\Omega_M = \rho_M/\rho_c$ wäre gleich 1. Allein die

Materiedichte würde ausreichen, um das Universum flach zu machen. Passen würde auch das Alter des Universums zum Alter der ältesten Sterne, denn das steigt ja proportional zu $1/H_0$, sodass ein H_0 von 40 km/s/Mpc die Lebenszeit des Universums auf rund 16 Milliarden Jahre anhebt, was das Alter der Kugelsternhaufen deutlich übertrifft. Was nicht passt, ist die Tatsache, dass ein materiedominiertes Universum gebremst expandiert, während man aus der Beobachtung ferner Supernovae gegenwärtig eine beschleunigte Expansion herausliest. Wieder zeigt sich, dass der Versuch, ein Problem zu beseitigen, gleichzeitig neue Probleme nach sich zieht. Aber spekulieren ist ja nicht verboten.

Eine vielleicht noch verwegenere Spekulation zur Vereinfachung der kosmologischen Modelle bezieht sich auf den Dichteparameter Ω_M. Wie wir im Kapitel über die Dunkle Materie erfahren haben, setzt sich dieser Parameter aus dem baryonischen Anteil der Materie und der nichtbaryonischen Komponente der Dunklen Materie zusammen. Enthalten sind auch die massereichen, bis zu 100 Millionen Kelvin heißen Gaswolken innerhalb von Galaxienhaufen. Zur Erinnerung: 273,15 Kelvin entsprechen 0 Grad Celsius, 0 Kelvin entspricht dem absoluten Temperaturnullpunkt. Aufgrund von Messungen des Röntgenhintergrundes in den Tiefen unseres Universums kann man jedoch nicht ausschließen, dass es neben diesen Komponenten noch ein sehr gleichmäßig verteiltes intergalaktisches Gas von ähnlich hoher Temperatur gibt. Sollte dieses Gas tatsächlich im Universum existieren, so würde eine Dichte von lediglich drei Teilchen pro Kubikmeter ausreichen, um den Wert von Ω_M auf 1 anzuheben. Dann wäre die Materiedichte im Universum gleich der kritischen Dichte, und das Universum wäre flach, ohne jegliche räumliche Krümmung. Wie gesagt – es wäre möglich. Bisher gibt es jedoch keinen Hinweis, auf den sich diese Hypothese stützen könnte.

So, wie die Dinge gegenwärtig stehen, müssen sich die Kosmologen wohl oder übel mit Dunkler Materie und Dunkler Energie auseinander setzen. Ob es je gelingt, Art und Wesen dieser geheimnisvollen »Stoffe« aufzuklären, kann zurzeit niemand sagen. Ähnlich verhält es sich mit den Naturkonstanten. Eine Erklärung, warum sie gerade die Werte haben, die sie haben – beispielsweise Ladung und Masse des Elektrons –, hat niemand zur Hand. Manche Astronomen nehmen demgegenüber eine mehr oder minder fatalistische Haltung ein. Warum sich aufregen, sagen sie, und die Dinge nicht auf sich beruhen lassen? Die Dunkle Energie ist nun mal ein grundlegendes Merkmal unseres Universums. Sie erklären zu wollen ist genauso sinnlos wie der Versuch herauszufinden, warum die Erde gerade die richtige Entfernung zur Sonne hat, sodass sich dort Leben entwickeln konnte. Es hat sich eben so gefügt. Wäre es anders, wir wären gar nicht hier und könnten nicht die vielen Fragen stellen, auf die wir so gerne eine Antwort hätten.

IV.
Anhang A1

Helligkeiten

Sterne gleicher Leuchtkraft in unterschiedlicher Entfernung erscheinen dem Beobachter mit unterschiedlicher Helligkeit. Man bezeichnet das als die scheinbare Helligkeit des Sterns. Um die scheinbare Helligkeit m_1 eines Objekts zu bestimmen, misst man das Verhältnis seines Strahlungsstroms S_1 zum Strahlungsstrom S_2 eines Standardsterns, dessen scheinbare Helligkeit m_2 bekannt ist. Mithilfe der Gleichung

$$m_1 - m_2 = -2{,}5 \times \log \frac{S_1}{S_2} \qquad (1)$$

kann die gesuchte scheinbare Helligkeit m_1 berechnet werden. Zur Messung der Strahlungsströme dienen Fotoplatten, lichtelektrische Kathoden oder CCD-Detektoren.

Als Maßeinheit für die Helligkeit dient die Größenklasse oder Magnitude. Wie aus Gleichung (1) zu entnehmen ist, unterscheiden sich zwei Sterne, deren Strahlungsflüsse im Verhältnis 1 zu 2,512 stehen, um eine Magnitude. Ein Verhältnis von 1 zu 100 führt zu einer Differenz von 5 Magnituden.

Um jedem Stern eine scheinbare Helligkeit m zuordnen zu können, muss für die Helligkeitszählung noch ein Nullpunkt festgelegt werden. Dazu dient eine Reihe von Sternen in der Nähe des Pols, die genau gemessen und auf Konstanz ihrer Helligkeiten überprüft wurden. Die hellsten Sterne am Himmel haben ein m in der Nähe von -1^m (Sirius $-1^m.6$, Wega 0^m).

Sterne mit einem $m = 5^m$ bis 6^m sind mit bloßem Auge gerade noch wahrnehmbar.

Per definitionem bezeichnet man die scheinbare Helligkeit m, die ein Stern in einer Entfernung von 10 Parsec zum Beobachter annimmt, als seine absolute Helligkeit M. Mithilfe der Gleichung

$$m - M = -5 + 5 \times \log r \quad (2)$$

lassen sich scheinbare Helligkeiten in absolute Helligkeiten umrechnen. Die Entfernung r des Sterns ist dabei in Parsec, das heißt in Einheiten von 3,26 Lichtjahren einzusetzen. Aus einer Entfernung von 10 Parsec betrachtet, würde uns die Sonne mit ihrer scheinbaren Helligkeit von $-26^m.73$ wie ein schwach glimmendes Sternchen von $4^m.84$ vorkommen. Die Differenz zwischen scheinbarer und absoluter Helligkeit m – M in Gleichung (2) bezeichnet man auch als Entfernungsmodul. Ist diese Differenz bekannt, so kann man daraus die Entfernung eines Objekts ermitteln.

Ersetzt man in Gleichung (1) die scheinbaren Helligkeiten m_1 und m_2 durch die absoluten Helligkeiten eines Objekts M_{Objekt} beziehungsweise der Sonne M_{Sonne} und die Strahlungsströme S_1 und S_2 durch die Leuchtkräfte des Objekts L_{Objekt} beziehungsweise der Sonne L_{Sonne}, so erhält man die Gleichung:

$$M_{Objekt} - M_{Sonne} = -2{,}5 \times \log \frac{L_{Objekt}}{L_{Sonne}} \quad (3)$$

beziehungsweise nach L_{Objekt} aufgelöst:

$$L_{Objekt} = L_{Sonne} \times 10^{-0{,}4 \times (M_{Objekt} - M_{Sonne})} \quad (4)$$

Aus den bekannten absoluten Helligkeiten eines Objekts und der Sonne lässt sich damit die Leuchtkraft des Objekts in Einheiten der Sonnenleuchtkraft berechnen.

Berücksichtigt man, dass die Masse der Sonne eine Sonnenleuchtkraft L_{Sonne} erzeugt, so kann man in Gleichung (4) anstelle von L_{Sonne} auch die Masse der Sonne $\mathcal{M}_{Sonne}$ setzen. Damit steht auch auf der linken Seite der Gleichung eine Masse, und zwar die leuchtende Masse $\mathcal{M}_{L\text{-}Objekt}$ des Objektes:

$$\mathcal{M}_{L\text{-}Objekt} = \mathcal{M}_{Sonne} \times 10^{-0,4(M_{Objekt} - M_{Sonne})} \qquad (5)$$

Teilt man nun noch die Gleichung auf beiden Seiten durch die Masse der Sonne, so vereinfacht sich (5) zu

$$n = 10^{-0,4x(M_{Objekt} - M_{Sonne})} \qquad (6)$$

wobei n die Anzahl der Sonnen bedeutet, die das Objekt enthalten müsste, um die Leuchtkraft des Objektes L_{Objekt} hervorzurufen. Das Verhältnis der Gesamtmasse des Objekts $M_{G\text{-}Objekt}$, also dunkle plus leuchtende Objektmasse, zu seiner leuchtenden Masse $M_{L\text{-}Objekt}$, bezeichnet man auch als Masse-Leuchtkraft-Verhältnis γ. Damit gilt:

$$\gamma = \frac{\mathcal{M}_{G\text{-}Objekt}}{n \times \mathcal{M}_{Sonne}} = 10^{0,4(MObjekt - MSonne)} \times \frac{\mathcal{M}_{G\text{-}Objekt}}{\mathcal{M}_{Sonne}} \qquad (7)$$

V.
Anhang A2

Friedmann-Gleichungen

Unter der Voraussetzung, dass das Universum homogen und isotrop ist, das heißt, der Raum ist in jedem Punkt gleich und sieht in jeder Richtung gleich aus, lassen sich zu den zehn partiellen Differentialgleichungen der Einstein'schen Feldgleichungen zwei einfache Differentialgleichungen, die so genannten Friedmann-Lemaître-Gleichungen, finden:

$$\dot{R}^2 = \left(\frac{dR}{dt}\right)^2 = \frac{8\pi G}{3} R^2 \boldsymbol{\varepsilon} - k + \frac{\Lambda}{3} R^2 \qquad (1)$$

$$\ddot{R} = \frac{d^2R}{dt^2} = -\frac{4\pi G}{3} R\left(\boldsymbol{\varepsilon} + \frac{3p}{c^2}\right) + \frac{1}{3}\Lambda R \qquad (2)$$

Unter der Größe R, die von der Zeit t abhängt, kann man den Radius des Universums verstehen. Damit beschreiben die FL-Gleichungen die zeitliche Entwicklung der Größe des Universums in Abhängigkeit von der Energiedichte $\boldsymbol{\varepsilon}$, dem Druck p und der kosmologischen Konstante Λ. $\dot{R}$ in Gleichung (1) ist die Ableitung der Länge R nach t und entspricht der Geschwindigkeit, mit der sich das Universum ausdehnt. $\ddot{R}$ in Gleichung (2) ist die nochmalige Ableitung von $\dot{R}$ nach t und gleichbedeutend mit einer Beschleunigung – oder anders ausgedrückt: $\ddot{R}$ sagt uns, wie schnell sich die Ausdehnungsgeschwindigkeit des Universums ändert. G ist die Gravitationskonstante, und die Konstante k, die kleiner als null, gleich null oder größer als null sein kann, bezeichnet die Krümmung des Universums.

Die Energiedichte ε setzt sich zusammen aus der Energiedichte ε_M der Materie im Universum und der Energiedichte ε_{Str} der Strahlung. Teilt man diese Größen durch die Lichtgeschwindigkeit im Quadrat, so erhält man die entsprechenden Materiedichten ρ. Heute ist die Materiedichte ρ_M gegen die Strahlungsdichte ρ_{Str} vernachlässigbar klein. Andererseits ist die von Einstein eingeführte kosmologische Konstante Λ – die zunächst mit der Entdeckung eines expandierenden Universums überflüssig wurde – seit der Erkenntnis, dass die Materiedichte im Universum nur rund 30 Prozent der kritischen Dichte ρ_c ausmacht und dass das Universum flach ist, in den FL-Gleichungen nicht mehr zu vernachlässigen.

Bezeichnet man den gegenwärtigen Radius des Universums mit R_0, so kann man einen Skalenfaktor $a = R/R_0$ definieren, der nur von der Zeit abhängt und der das Verhältnis der Größe R des Universums zur Zeit t zur heutigen Größe R_0 angibt. Verdoppelt beispielsweise in einer gewissen Zeitspanne a seinen Wert, so heißt das, dass sich das Universum um den Faktor zwei ausgedehnt hat. Mit $a = R/R_0$ gehen die Gleichungen (1) und (2) über in

$$\dot{a}^2 = \frac{8\pi G}{3} a^2 \varepsilon - \frac{k}{R_0^2} + \frac{\Lambda}{3} a^2 \qquad (3)$$

$$\ddot{a} = -\frac{4\pi G}{3} a (\varepsilon + \frac{3p}{c^2} + \frac{1}{3} \Lambda a \qquad (4)$$

$\dot{a}$ und $\ddot{a}$ sind wieder die erste beziehungsweise zweite Ableitung von a nach der Zeit, und sie geben an, wie schnell sich das Verhältnis R/R_0 ändert beziehungsweise ob sich die Änderung beschleunigt oder abbremst. Gleichung (2) und (4) bezeichnet man auch als Beschleunigungsgleichung.

Das Verhältnis von $\dot{a}$ zu a ist der so genannte Hubble-Parameter H(t). Er beschreibt die Expansionsgeschwindigkeit des Universums. Sein heutiger Wert $H(t_0)$ beträgt 72 ± 5 Kilometer pro Sekunde pro Megaparsec (1 Megaparsec entspricht 3 260 000 Lichtjahren). Mit $H(t) = \dot{a}/a$ kann man Gleichung (3) auch in die Form

$$\left(\frac{\dot{a}}{a}\right)^2 = H^2 = \frac{8\pi G}{3}\varepsilon - \frac{k}{a^2R_0^2} + \frac{\Lambda}{3} \qquad (5)$$

bringen.

Die FL-Gleichungen müssen noch durch eine so genannte Kontinuitätsgleichung ergänzt werden, die beschreibt, wie sich die Dichte ρ im Universum in Abhängigkeit vom Druck, der für verschiedene Arten von Materie unterschiedlich ist, mit der Zeit ändert:

$$\dot{\rho} + 3\frac{\dot{a}}{a}\left(\rho + \frac{p}{c^2}\right) = 0 \qquad (6)$$

Auch hier steht $\dot{\rho}$ wieder für die zeitliche Änderung der Dichte.

Eine weitere nützliche Größe zur Charakterisierung der Entwicklung des Universums ist der so genannte zeitabhängige Bremsparameter q, der die bremsende Wirkung der Materie und die beschleunigende der kosmologischen Konstante auf die Expansion des Universums beschreibt:

$$q = -\frac{\ddot{a}}{aH(t)^2} \qquad (7)$$

Je größer der Wert von q, desto schneller wird die Expansion des Universums gebremst. Mit den Ausdrücken für die kritische Dichte ρ_c

$$\rho_c = \frac{3H^2}{8\pi G} \tag{8}$$

sowie der Vakuumenergiedichte ρ_Λ

$$\rho_\Lambda = \frac{\Lambda}{8\pi G} \tag{9}$$

und der Beschleunigungsgleichung (4) erhält man für den Fall eines drucklosen Universums ($p = 0$) für q den Ausdruck

$$q = \frac{1}{2}\Omega - \Omega_\Lambda \tag{10}$$

$\Omega = \rho/\rho_c$ und $\Omega_\Lambda = \rho_\Lambda/\rho_c$ sind der Dichteparameter des Universums beziehungsweise jener der Vakuumenergie.

Von Matthias Bartelmann und Tobias Kühnel vom MPI für Astrophysik findet man eine schöne Herleitung der Friedmann-Gleichungen unter der Internet-Adresse:
http://www.wissenschaft-schulen.de/sixcms/media.php/767/SuW-0205-Kosmologie-s.pdf

VI.
Literaturverzeichnis

Adams, Fred/Greg Laughlin: Die fünf Zeitalter des Universums, DVA, Stuttgart 2000.

Bartelmann, Matthias: Galaxien vom Urknall bis heute. Teil 2: Kosmologie, Sterne und Weltraum. Spezial 1/03.

Bartelmann, Matthias: Cosmic Background Radiation and its Interpretation. Graduate School, Tübingen, 9. Mai 2003.

Börner, Gerhard: Kosmologie. Fischer, Frankfurt/Main 2002.

Börner, Gerhard: The Early Universe. Springer, New York 2003.

Börner, Gerhard: Ein Universum voller dunkler Rätsel. *Spektrum der Wissenschaft*, Dezember 2003.

Börner, Gerhard/Matthias Bartelmann: Astronomen entziffern das Buch der Schöpfung. Physik in unserer Zeit. WILEY-VCH, vol. 33, Issue 3, Mai 2002, pp.114–120.

Branch, David: Type Ia Supernovae as Standard Candles. Department of Physics and Astronomy, University of Oklahoma, Norman (OK) 73019.

Caldwell, R. R./M. Kamionkowski/N. N. Weinberg N. N.: Phantom Energy and Cosmic Doomsday. astro-ph/0302506 v1, 25. Februar. 2003.

Camenzind, Max: From Big Bang to Black Holes. Landessternwarte Königstuhl/Heidelberg, 2. Dezember 2003.

Elsässer, D./K. Mannheim: Supersymmetric Dark Matter and the Extragalactic Gamma Ray Background. arXiv:astro-ph/0405235, v3, 6. April 2005.

Filippenko, Alexei V.: Evidence from Type Ia Supernovae for an Accelerating Universe. arXiv:astro-ph/0008057, v1, 3. August 2000.

García-Bellido, J.: Cosmology and Astrophysics. arXiv:astro-ph/0502139, v1, 7. Februar 2005.

Goeke, Klaus: Helle und Dunkle Materie. Fakultät für Physik und Astronomie, Ruhr-Universität Bochum.

Gondolo, Paolo: Non-Baryonic Dark Matter. arXiv:astro-ph/0002520, v1, 2. März 2004.

Gothe, H.: Anisotropie der kosmischen Hintergrundstrahlung und Bestimmung der kosmischen Parameter. Vortrag im Hauptseminar Kosmologie. TU Dresden, 2004.

Hogan, Craig J./Robert P. Kirshner/Nicholas B. Suntzeff: Die Vermessung der Raumzeit mit Supernovae. *Spektrum der Wissenschaft*, März 1999.

Hu, W./M. White: Die Symphonie der Schöpfung. *Spektrum der Wissenschaft*, Mai 2004.

Hu, Wayne: CMB Anisotropies – A Decadal Survey. arXiv:astro-ph/0002520, v1, 29. Februar 2000.

Irion, Robert: The Warped Side of Dark Matter. *Science*, vol. 300, 20. Juni 2003, S. 1894.

Kippenhahn, R./A.Weigert A: Stellar Structure and Evolution. Springer, New York 1994.

Kirshner, Robert P.: Throwing Light on Dark Energy. *Science*, vol. 300, 20. Juni 2003, S. 1914.

Krauss, Lawrence M.: Neuer Auftrieb für ein beschleunigtes Universum. *Spektrum der Wissenschaft*, März 1999.

Krauss, Lawrence M.: The State of the Universe – Cosmological Parameters 2002. arXiv:astro-ph/0301012, v 2, 9. Januar 2003.

Lesch, Harald/Jörn Müller: Big Bang, zweiter Akt. Goldmann, München 2005

Lesch, Harald/Jörn Müller: Kosmologie für Fußgänger. Goldmann, München 2001

Liddle, Andrew: An Introduction to Modern Cosmology. John Wiley & Sons Ltd., Hoboken (NJ) 2003.

Liebscher, Dierck-Ekkehard: Kosmologie. Barth, Leipzig/Heidelberg 1994.

Linder, Eric: The Hunting of the Dark Energy. Cosmology Teach-In, 26. Juni 2003, Lawrence Berkely National Laboratory.

Milgrom, Mordehai: Gibt es Dunkle Materie? *Spektrum der Wissenschaft*, Dossier 1/2003

Miller, D.: The CMB – Contemporary Measurements and Cosmology. arXiv:astro-ph/0112052, v 1, 3. Dezember 2001.

Ostriker, J. P./P. J. Steinhard: Die Quintessenz des Universums. *Spektrum der Wissenschaft*, März 2001.

Ostriker, Jeremiah P./ Paul Steinhardt: New Light on Dark Matter. *Science*, vol. 300, 20. Juni 2003, S. 1909.

Perlmutter, Saul: Supernovae – Dark Energy and the Accelerating Universe. *Physics Today*, April 2003.

Sanders Robert H./ Stacy S. McGaugh: Modified Newtonian Dynamics as an Alternative to Dark Matter. arXiv:astro-ph0204521, v 1, 30. April 2001.

Schulz, Hartmut: Dunkle Energie – Antrieb für die Expansion des Universums. Teil I und II. *Sterne und Weltraum*, 10 und 11/2001.

Shanks, T.: Problems with the Current Cosmological Paradigm. astro-ph/0401409, v 1, 21. Januar 2004.

Seife, Charles: Dark Energy Tiptoes Toward the Spotlight. *Science*, vol. 300, 20. Juni 2003, S. 1896.

Spergel, D. N., et al.: First Year Wilkinson Microwave Anisotropy Probe (WMAP) Observations – Determination of Cosmological Parameters. arXiv:astro-ph/0302207, v 2, 11. Februar 2003.

Turner, Michael S.: Dark Matter and Dark Energy in the Universe. arXiv: astro-ph/8911454, 29. November 1998.

Weigert, A./H. J. Wendker/L. Wisotzki L.: Astronomie und Astrophysik, WILEY-VCH Verlag, Weinheim 2005.

Zwicky, Fritz: On the Masses of Nebulae and of Clusters of Nebulae. *The Astrophysical Journal*, vol. 86, Oktober 1937, Nr. 3, Seite 217.

VII. Register

E

F

G

H

I

J

K

L

VIII. Abbildungsnachweis

Seite 19/Abb. 1: © Jörn Müller
Seite 21/Abb. 2: © 2004 Pearson Education, Verlag Addison Wesley New York
Seite 23/Abb. 3: © Fritz Zwickau Stiftung, Glarus (Aus: J. Greenstein/A. Wilson, Erinnerungen an Zwicky. Engineering and Science 37:15-19, 1874
Seite 25/Abb. 4: © O. Lopez-Cruz (INAOEP) et. al., AURA, NOAO, NSF; aus: Astronomy Picture of the Day, http://antwrp.gsfc.nasa.gov/apod/ap031012.html
Seite 31/Abb. 5: Nach Bild 7.3, Seite 251, aus: James B. Kaler, Sterne. Die physikalische Welt der kosmischen Sonnen. Spektrum Akademischer Verlag, Heidelberg, 1993
Seite 32/Abb. 6: © Robert Gendler, aus: Astronomy Picture of the Day, http://antwrp.gsfc.nasa.gov/apod/ap040718.html
Seite 34/Abb. 8: © Charles W. Brown / Edge-on spiral galaxy. NGC 891.1600X1200.htm. Noomoon Astrophotos, http://www.noomoon.com/noomoonastro/NGC891.1600X1200.htm
Seite 35/Abb. 9: © Jörn Müller unter Verwendung eines Teilausschnitts aus Bild »Doppler shift«, http://hal.physast.uga.edu/~rls/1020/ch22/22-02.jpg, Astronomy 1020, Spring 2005, Chapter 22, Dark Matter and the Fate of the Universe. © 2004 Pearson Education, Verlag Addison Wesley, New York
Seite 36/Abb. 10: entnommen aus: http://www.astronomy.org.nz/aas/Journal/TruthAboutMond.asp
Seite 40/Abb. 11: © Eddie Guscott aus: Astronomy Picture of the Day, http://antwrp.gsfc.nasa.gov/apod/ap040511.html
Seite 46/Abb. 12: Collage aus: Bild Seite 82, Alan Guth, Die Geburt des Kosmos aus dem Nichts, Droemer/Knaur, München 1999, und Bild der Internetseite http://cassfos02.ucsd.edu/public/tutorial/images/sp_geom.gif. University of California, San Diego, Center for Astrophysics & Space Sciences, Gene Smith's Astronomy Tutorial Cosmology: The Structure & Future of the Universe.
Seite 49/Abb. 13: aus: Alan Guth, Die Geburt des Kosmos aus dem Nichts, Droemer/Knaur, München 1999, S. 157
Seite 50/Abb. 14: aus: Malcam S. Longair, Das erklärte Universum, Springer Verlag, Berlin, 1998, S. 187
Seite 54/Abb. 15: nach Bild aus: Werner Ernst, Geometrische Transformation

von ESRI-Shapefiles, Das Programm KoTra, Diplomarbeit an der Technischen Universität Dresden, Institut für Fernerkundungen, Oktober 2001, © Werner Ernst, in: http://home.arcor.de/ernst_werner/diplom/astro/urknall.html

Seite 57/Abb. 16: © Jörn Müller

Seite 64/Abb. 17: © Jörn Müller unter Verwendung eines Bildes aus: http://www.ita.uni-heidelberg.de/~msb/gravLens/

Seite 65/Abb. 18: © Ann Field/NASA (STScI).

Seite 75/Abb. 19: © Jörn Müller

Seite 82/Abb. 20: © Lawrence Berkeley National Laboratory (Berkeley Lab) Univ. of California, aus: L.M. Ledermann/D.N. Schramm, Vom Quark zum Kosmos, Spektrum der Wissenschaft Verlagsgesellschaft, Heidelberg, 1990, Seite 201.

Seite 95/Abb. 21: © Jörn Müller unter Verwendung eines Bildes aus: http://abyss.uoregon.edu/~js/ast223/lectures/lec08.html Department of Physics University of Oregon

Seite 109/Abb. 22: © Jörn Müller unter Verwendung des Bildes von ESO PR Photo 27b/02 (29. November 2002) in: http://www.eso.org/outreach/press-rel/pr-2002/phot-27b-02-preview.jpg , © European Southern Observatory

Seite 110/Abb. 23: © B.J. Mochejska/J. Kaluzny (CAMK) 1m Swope Telescope in: Astronomy Picture of the Day/ Apod: http://antwrp.gsfc.nasa.gov/apod/ap010223.html

Seite 112/Abb. 24: Aus: A. Unsöld/B. Baschek, Der neue Kosmos. Springer-Verlag, Berlin 1999, Bild 9.3, Seite 329

Seite 115/Abb. 25: © Jörn Müller

Seite 120/Abb. 26: Nach Fig. 4-1, Seite 38, aus: RCA Staff, Electro-Optics Handbook, RCA, Dezember 1974

Seite 122/Abb. 27: © The University of West Ontario, London, Ontario Canada N6A 3K7, in: http://inverse.astro.uwo.ca/ast21/slides19/slide4.html

Seite 124/Abb. 28: Nach Bild 2.4., S. 7, aus: Andrew Liddle, An Introduction to Modern Cosmology. John Wiley & Sons Ltd, Chichester/West Sussex 2003, NASA, COBE Science Working Group, Goddard Space Flight Center.

Seite 127/Abb. 29: nach Bild aus: http://lambda.gsfc.nasa.gov/product/cobe/slide_captions.cfm NASA, COBE Science Working Group

Seite 133/Abb. 30: © Jörn Müller

Seite 135/Abb. 31: Collage aus Abb. 29 (in: http://lambda.gsfc.nasa.gov/product/cobe/slide_captions.cfm) und Bild von WMAP Science Team in: http://wmap.gsfc.nasa.gov/./m_mm/sg_earlyuniv.html

Seite 137/Abb. 32: nach einem Bild von WMAP Science Team in: http://wmap.gsfc.nasa.gov/m_or/m_or3.html

Seite 142/Abb. 33: © Jörn Müller

Seite 144/Abb. 34: © Jörn Müller

Seite 148/Abb. 35: © Jörn Müller
Seite 150/Abb 36: Nach Gild 7.1., Seite 54 aus: Andrew Liddle, An Introduction to Modern Cosmology. John Wiley & Sons Ltd, Chichester/West Sussex 2003, NASA, COBE Science Working Group, Goddard Space Flight Center.
Seite 157/Abb. 37: © Jörn Müller
Seite 158/Abb. 38: © Jörn Müller
Seite 159/Abb. 39: © Jörn Müller
Seite 167/Abb. 40: © Jörn Müller
Seite 175/Abb. 41: Nach Fig. 6, S. 23, von arXiv:astro-ph/0309368, 1, 12. September 2003. R. A. Knop et al. (The Supernova Cosmology Project) in: http://arxiv.org/PS_cache/astro-ph/pdf/0309/0309368.pdf, (c) Cornell University, New York
Seite 183/Abb. 42: Nach Fig. 3, Seite 33 aus: Alan H. Guth, Inflation and the New Aera of High Precision Cosmology, MIT Physics Annual 2002 in: http://web.mit.edu/physics/alumniandfriends/physicsjournal_fall_02_cosmology.pdf
Seite 190/Abb. 43: Nach Bild Seite 37 aus: Spektrum der Wissenschaft, März 3/2001, Jana Brenning, Quelle: Paul J. Steinhardt
Seite 195/Abb. 44: Nach Bild Seite 37 aus: Spektrum der Wissenschaft, März 3/2001, Jana Brenning, Quelle: Paul J. Steinhardt
Seite 201/Abb. 45: Nach ESO PR Photo 18d/04 (3. Juni 2004) in: http://www.eso.org/outreach/press-rel/pr-2004/pr-15-04.html

Die Rechteinhaber der Abbildung 7 auf Seite 33 konnten trotz intensiver Recherche leider nicht ermittelt werden. Der Verlag bittet Personen oder Institutionen, welche die Rechte an diesem Foto haben, sich zu melden.